籾の乾燥に関する研究

農学博士

佐藤　正夫

三省堂書店
創英社

はじめに

　こんにち、わが国の農業はその体質改善による農業近代化がさけばれており、稲作部門においてはその土地生産性の向上はもちろんながら、とくに労働生産性の向上と米の品質向上が強く要請されており、したがって籾の乾燥にさいしては胴割が発生せず、しかも操作が簡易で、能率的合理的方法の確立が必要であり、そのためには、基本的問題として籾の乾燥特性を明らかにし、米の生成機構を解明しなければならない。

　その発生とこれに関与する諸種の要因との関係については、かなり多くの知見が得られているが、その報告のほとんどは、ある一定の温度・湿度条件を与えた場合における籾含水準の変化に伴う胴割水準の変化に伴う胴割発生を一つの現象として観察したものであり、米が乾燥または吸湿過程でいかなる機構によって胴割するかに関しては、いまだ本質的解明がなされていない。

　本研究においては、玄米剛性、籾の乾燥、吸湿に伴う籾殻の透気性および透湿性の変化のほか、玄米の膨張、収縮含水率及び水分分布変化と胴割発生との関係等を究明し、それらに基づいて胴割発生機構の解明を試み、さらに2、3の異なった加熱式人工乾燥方式につき籾の乾燥特性の比較および乾燥終了後の籾の密閉処理の効果を究明し、その結果より合理的な籾の過熱乾燥方法について論及したものである。

籾の乾燥に関する研究……佐藤正夫※

目　次

※　生産工芸研究室長

緒　言

　籾の乾燥には従来、稲架或いはむしろ干しなどの自然乾燥法が主として用いられてきたが、これらの自然乾燥法では、天候に左右されることが大きく、一般に乾燥は不充分であり品質低下の主要原因となるだけでなく、乾燥操作に多大の労力を要する。とくに東北、北陸、山陰など収穫期に天候が不良な地方では、支障が多いので、その対策として火力による人工乾燥法がすでに試みられ、大型乾燥設備の共用も行われたが、設備及び運営に多額の経費を要すること、少量、多種類の籾を処理せねばならないため作業が繁雑であり、胴割発生の懸念が大であること、定置式通風乾燥方式が大部分であるため乾燥能率が低いこと等によりその普及度は低かった。

　今日、わが国の農業はその体質改善による農業近代化が叫ばれており、稲作部門においてはその土地の生産性の向上は勿論ながら、とくに労働生産性の向上と米の品質向上が強く要請されており、従って籾の乾燥に際しては胴割が発生せず、しかも操作が簡易で、能率的合理的方法の確立が必要であり、その他には、基本的問題として籾の乾燥特性を明らかにし、胴割米の成生機構を解明しなければならない。

　従来、胴割発生に関する報告は決して少なくない。即ち石井氏［1］、磯氏［2］等は胴割は籾の急激な乾燥に起因するとし、Henderson 氏［3］は過度な温度又は湿度の上昇によって胴割を生ずるとし、斉藤氏［4］は胴割は乾燥時と乾燥後の温度較差の大（30℃− 40℃）なる場合に発生するとしている。一方、岡村氏［5］は乾燥籾の吸湿が胴割発生の要因であるとし、急激に吸湿する場合には玄米の膨張は米粒の巾、厚さの方向において急激で長さの方向においては緩徐なために、膨張に対する抵抗の大きい巾、厚さの方向において割目を生ずるものと推論している。また二瓶氏［6］、Schmidt

氏［7］等は胴割歩合或いは優良米取得率は品種間差異が著しいことを指摘している。なお渡辺氏［8］等は、定置式加熱通風乾燥方式において胴割発生が少ない通気温、湿度として、温度35℃以下、関係湿度30％以上が適当であるとしている。

以上のように胴割の発生とこれに関与する諸種の要因との関係についてはかなり多くの知見が得られているが、それら報告の殆んどは、或る一定の温、湿度条件を与えた場合における籾含水率の変化に伴なう胴割発生を一つの現象として観察したものであり、米が乾燥又は吸湿過程で如何なる機構によって胴割するかに関しては、いまだ本質的解明がなされていない。

本研究においては、玄米の剛性、籾の乾燥、吸湿に伴なう籾殻の透気性および透湿性の変化のほか、玄米の膨張、収縮、含水率及び水分分布変化と胴割発生との関係等を究明し、それらに基づいて胴割発生機構の解明を試み、さらに2、3の異なった加熱式人工乾燥方式につき籾の乾燥特性の比較および乾燥終了後の籾の密閉処理の効果を究明し、その結果より合理的な籾の加熱乾燥方法について論及したものである。

本研究はその実施に当たり京都大学長谷川浩教授、京都大学館勇名誉教授、神戸文化妻楊子株式会社、株式会社不二屋、山崎精機研究所、兵庫県農業試験場、兵庫県工業奨励館の御指導、御支援により実施されたものであり、ここに厚く謝意を表する次第である。

第一章　玄米の剛性について

玄米の剛性については岡村氏 [9] により低温度と米の剛度との関係、乾燥に伴なう玄米剛度の変化等に関する報告がある。本章においては玄米の部分的硬度の比較及び玄米の密度と剛度との関係について記述する。

第一節　玄米の部分的硬度

玄米はその形状、登熟過程等より見て玄米の部分により硬度に若干の相違がある事が考えられるが、その点に関しては従来適当な測定方法がなかったため明らかにされていなかった。著者はペネトロメーターを使用することにより、玄米の部分的硬度差を比較することが出来たので、次にその結果について記述する。

（1）試料

昭和 37 年産野条穂（籾含水率 22.0％）、朝霧（籾含水率 22.2％）をシリ

カゲルを入れたデシケータ中にて4時間及7時間乾燥しそれぞれ含水率の異なる2区ずつの籾とし同籾を脱稃して、無胴割玄米20粒ずつを選び供試した試料玄米の含水率は次の如し。

種　　　類	含　水　率（％）	
野　条　穂	16.9	18.8
あ　さ　ぎ　り	17.0	18.6

（2）　試験方法

温度20℃、関係湿度65％（以下温度－湿度の関係を20℃－65％の如く略記す）の恒湿恒温室において、ペネトロメータにより荷重250gにおいて第1図に示すように、(a) 玄米の背部、(b) 腹部、(c) 側面部、(d) 胚芽のない側尖端部、(e) 胚芽のある側尖端部の5部位についてその硬度を比較測定した。硬度の表し方は触針の玄米への進入深さ（㎜）により表示した。試験は昭和37年11月に実施した。

（3）　試験結果及び考察

玄米各部分における硬度の平均値は第2図のとおりである。同図によれば玄米の部分的硬度は品種、含水率等により相違があるが、(d) 胚芽のない側尖端部＞(a) 背部＞(e) 胚芽のある側尖端部＞(c) 側面部＞(b) 腹部の順に硬度は低下しており、また含水率の増加と共に全般的に硬度が低下している。このように品種、含水率の差異等により玄米の部分的硬度には特色ある傾向がみられることは、玄米の置かれる外囲条件によって玄米の乾燥又は吸湿に際しその部分的乾燥又は吸湿速度に影響を及ぼし、玄米の部分的収縮又は膨張に影響するものと考えられる。

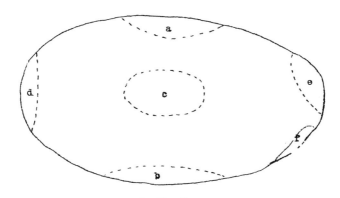

註	a	：	背　部
	b	：	腹　部
	c	：	側面部
	d	：	胚芽のない側尖端部
	e	：	胚芽のある側尖端部
	f	：	胚　芽

第 1 図

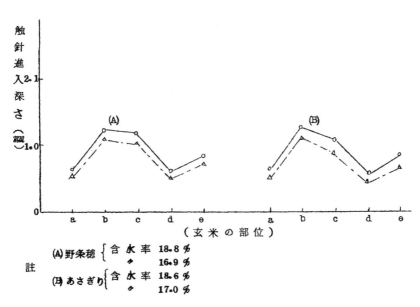

（玄米の部位）

註　(A)野条穂 { 含水率 18.8 %
　　　　　　　　　〃　　16.9 %
　　(B)あさぎり { 含水率 18.6 %
　　　　　　　　　〃　　17.0 %

第 2 図　玄米の部位別硬度

第二節　玄米の密度と剛度との関係

　玄米の含水率低下と共に剛度が増加することは前出の岡村氏によって報告されているが、本研究の供試主要品種について玄米の密度と剛度との関係を検討した結果は次のとおりである。

(1)　試料

　昭和35年産の野条穂、朝霧、ホウネンワセ、早農林及び昭和36年産の早農林、農林17号、名倉穂、朝霧、ホウネンワセ、八重穂の何れも常温下で木箱に保管されていた籾について、これらをシリカゲルを内蔵したデシケータ中に常温にて6時間放置し、籾含水率12％〜13％まで乾燥した後脱稃し無胴割玄米それぞれ20粒を選び供試した。

(2)　試験方法

　密度の測定は、メスシリンダ内に一定量の水を入れあらかじめ水位を読み次いで重量、含水率既知の供試玄米を投入し、直ちに水位の変化を読み、玄米投入前後の水位の差をもって玄米の体積とし、これより玄米の密度を求めた。又剛度は剛度計により圧砕剛度と挫折剛度を測定した。なお測定試験は昭和35年産については昭和36年4月に、昭和36年産については昭和37年4月に、いずれも20℃−65％の恒温、恒湿室内において実施した。

(3)　試験結果及び考察

　測定結果は第3図の通りであるが、同図によれば、玄米の含水率がほぼ同一の場合においては、玄米の密度の高いもの程剛度も高くなる事を示しているが、密度1.6g／㎤以下においては密度と剛度との間には顕著な関係はみられない。また挫折剛度と圧砕剛度との関係は第4図に示すようにほぼ直線的である。なお、昭和35年産米と昭和36年産米との差異は殆んどみとめられない。

　このように玄米の密度、剛度の相違は品種による一般特性として、米粒内部水分移動の難易、乾燥又は吸湿の難易、水分傾斜の較差、胴割の難易等に関与するものと考えられる。

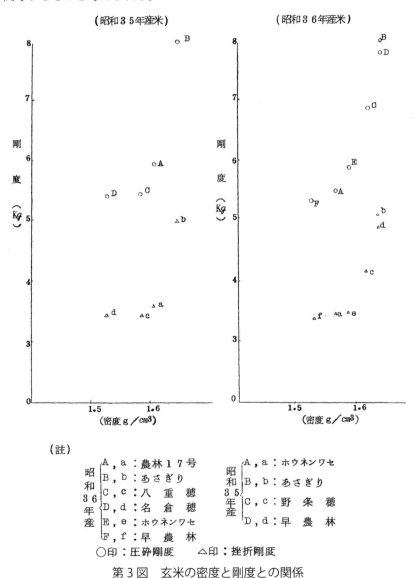

第３図　玄米の密度と剛度との関係

第三節　要約

　玄米の剛性についての研究結果を要約すれば次のとおりである。

1. 玄米の部位別硬度は、胚芽のない側尖端部＞背部＞胚芽のある側尖端部
　＞側面部＞腹部の順に低下し、含水率の増加と共に全般的に硬度は低下
　する。

2. 玄米の密度と剛度との関係は、ほぼ同一含水率においては密度 1.6g ／
　㎤以上では玄米の密度が高くなる程剛度も高くなる。又挫折剛度と圧砕
　剛度との関係はほぼ直線的である。

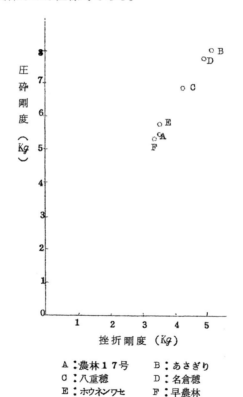

A：農林１７号　　　B：あさぎり
C：八重穂　　　　　D：名倉穂
E：ホウネンワセ　　F：早農林

第４図　玄米の挫折剛度と圧砕剛度との関係

第二章　乾燥及び吸湿過程における籾、玄米、籾殻の含水量変化

　籾及びこれより得た玄米と籾殻の含水率並びに同玄米の水分分布は、収穫後の温度、湿度、通気等の保管条件及び品種、熟度、保管時の含水量等によって異なる。籾、玄米、籾殻を供試し乾燥又は吸湿過程におけるそれぞれの含水率変化の較差について岡村氏［10］によれば、乾燥過程の含水率減少割合は籾殻＞籾＞玄米の順に小であり、吸湿過程の含水率増加割合は玄米＞籾＞籾殻の順に小であるとしている。

　本試験においては籾が置かれる外囲の条件によって乾燥又は吸湿する場合に、籾を構成する籾殻、玄米が籾の含水量変化に伴ない、どの様に含水量が変化するかを知るために、乾燥及び吸湿過程における一定時間後の籾及び同籾より得た玄米、籾殻の含水率、玄米内水分分布について調べた結果を記述する。

第一節　乾燥過程における場合

（1）　試験

　籾が乾燥過程におかれる場合、生籾（収穫後殆んど未乾燥で含水率17％
附近以上の籾）と吸湿籾（収穫後乾燥して含水率15％附近以下となってか
ら吸湿してそれ以上の含水率となった籾）とでは含水量の変化に格差がある
ものと考えられるので、昭和38年産近畿33号生籾（籾含水率17.2％、内
蔵玄米含水率18.0％、籾殻含水率12.5％）及び同籾をシリカゲルを入れ
たデシケータ中において4時間乾燥し含水率7.6％）の乾燥籾とし同籾を
40℃－90％のデシケータ中において5時間吸湿させて得た含水率17.1％
（内蔵玄米含水率16.6％、籾殻含水率14.2％）の吸湿籾を供試材料とした。

（2）　試験方法

　供試籾を42℃－40％のデシケータ中に入れ籾及び同籾より得た玄米、籾
殻の含水率は重量法により測定し、玄米内部の水分分布は電気抵抗式水分計
（山崎精機研究所製4LS型）を用い、水分の比較は10等分指示値により表
示した。電極は両極間隔1m／mの鋼針とし、測定は玄米の表層部、澱粉
胚乳表層部（果皮、種皮、糊粉層を除去）、中間部、中心部の4部位を測定
した。試験は供試籾それぞれ10粒について昭和38年10月実施した。

（3）　試験結果及考察

　籾、玄米、籾殻の含水量変化については第1表のとおりであるが、含水
率減少割合は生籾、吸湿籾共に籾殻＞籾＞玄米の順に小である。又吸湿籾及
び同籾より分離した玄米、籾殻が生籾の場合に比べて含水率減少割合が大で
あることは吸湿籾は生籾より乾きやすいことを示している。

　籾内蔵玄米の部位別水分量は第5図に示すとおり生籾、吸湿籾内蔵玄米
共に1時間後に澱粉胚乳表層部と中心部の差が最大となったが、その差の

巾は生籾内蔵玄米の方が大であった。

　生籾内蔵玄米は 0.5 時間後（籾含水率 16.1 %）においては試験前と同様に澱粉胚乳表層部＜中間部＜中心部＜表層部の順に大であり、1 時間後（籾含水率 15.2 %）には澱粉胚乳表層部＜表層部＜中間部＜中心部の順に大となり 1.5 時間後も同順位であったが、澱粉胚乳表層部と表層部の差は徐々に少なくなっている。

　吸湿籾内蔵玄米の水分分布は 0.5 時間後（籾含水率 15.8 %）には澱粉胚乳表層部の水分低下が著しく、澱粉胚乳表層部＜中間部＜中心部＜表層部の順に大となり、1 時間後（籾分水率 14.2 %）には澱粉胚乳表層部＜表層部＜中間部＜中心部の順に大となった（1.5 時間後も同順位）。

　以上の結果より生籾、吸湿籾の含水率減少割合及び両籾内蔵玄米の部位別水分分布に較差のある原因は、生籾の籾殻、玄米は未だ充分枯れていないため水分通過に際し抵抗が大きいが、吸湿籾は一度枯れているので生籾に比べて水分が通過しやすいためと考えられる。なお、吸湿籾は米粒の表面に近い程含水量が多いため、含水率減少割合が生籾より大である。又澱粉胚乳表層部と玄米表層部との差は、両者の単位体積中の含水量が同一の場合を考える時、前者は親水性物質により構成されているので水分の分散はほぼ一様であるが、後者は糊粉層の油脂により水分の分散状態が前者に比べて密であるため水分計指示値が大となったものと考えられる。

第二節　吸湿過程における場合

（1）　試験

　ほぼ同一含水率の異種の籾が吸湿過程におかれた場合にそれぞれの籾、玄米、籾殻の含水率及び玄米の水分々布を比較検討するために昭和 38 年産朝霧（籾含水率 17.4 %）及びホウネンワセ（籾含水率 17.6 %）をシリカゲル

第1表　籾・籾殻・玄米の含水率変化（乾燥過程近畿33号）

種　類		含水率及び 測定時間 減少割合%	試　験　前	0.5時間目	1時間目	1.5時間目
籾	生籾	含　水　率	17.2	16.1	15.2	14.1
		同　　上 減　少　割　合	―	6.3	11.6	18.0
	吸湿籾	含　水　率	17.1	15.8	14.2	13.4
		同　　上 減　少　割　合	―	7.6	16.9	21.6
籾殻	生籾と殻	含　水　率	12.5	8.4	6.3	4.2
		同　　上 減　少　割　合	―	32.6	49.6	66.4
	吸湿籾と殻	含　水　率	14.2	8.0	6.2	3.9
		同　　上 減　少　割　合	―	43.7	56.3	73.2
玄米	生籾内愛文米	含　水　率	18.0	17.1	16.0	14.9
		同　　上 減　少　割　合	―	5.0	11.1	17.2
	吸湿籾内愛文米	含　水　率	16.6	15.6	14.3	13.6
		同　　上 減　少　割　合	―	6.0	13.8	18.3

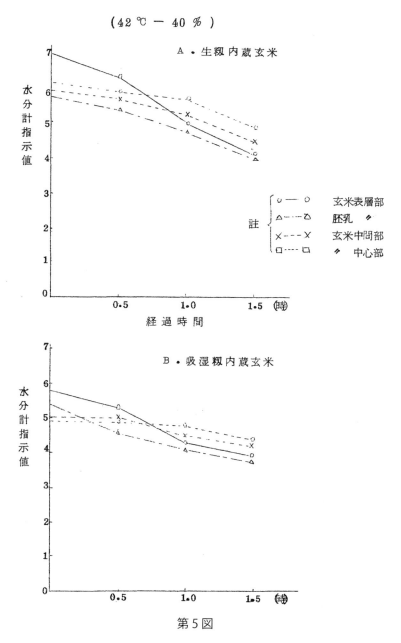

(42 ℃ － 40 ％)

A・生籾内蔵玄米

註
○ ── ○　玄米表層部
△ ─‥─△　胚乳 〃
×─ ─ ×　玄米中間部
□‥‥□　〃 中心部

経 過 時 間

B・吸湿籾内蔵玄米

第5図

乾燥過程における籾内蔵玄米水分々布（近畿33号）

11

を入れたデシケータ中で7時間乾燥し、朝霧籾は11.5%、ホウネンワセ籾は11.3%として供試した。

(2) 試験方法

供試籾を20℃－90%のデシケータ中に入れ0.5時、1時、3時、6時間後に籾及び同籾より得た玄米、籾殻の含水率及び玄米の水分分布（表層部、澱粉胚乳表層部、中間部、中心部の4部位）を測定した。試験は供試籾それぞれ10粒について昭和38年10月に実施した。

(3) 試験結果及び考察

第2表、第6、7図に示すとおり含水率増加割合はホウネンワセが朝霧より大であるが、両種共に籾殻＞籾＞玄米の順に小である。

籾においては、経時的に両種含水率増加割合の差が漸増し3時間後に最大となりその後は徐々に減少しており、玄米も同様な傾向を示すが、籾殻は顕著な差はみられない。

籾内蔵玄米の水分分布は両種共1～3時間後において澱粉胚乳表層部と中心部との含水量の差が最大となりその後徐々にその差は少なくなっているが、朝霧はホウネンワセに比較してその水分差は大である。又玄米表層部と澱粉胚乳表層部との差は籾含水量の増加と共に漸増している。

以上の結果より両種間の含水率増加割合及び部位別水分分布の較差は主として両種玄米の密度差（朝霧玄米密度 $1.65g ／ cm^3$ ホウネンワセ玄米密度 $1.59g ／ cm^3$）による米粒内水分拡散速度差によるものと考えられる。又玄米表層部と澱粉胚乳表層部の含水量の差は、果、種皮、糊粉層の吸湿が澱粉胚乳表層部より米粒構造よりして先であること及び糊粉層の油脂により単位体積中の水分の分散は澱粉胚乳表層部より密であるためと考えられる。

第三節　要約

　乾燥過程及び吸湿過程における籾、玄米、籾殻の含水量変化について要約すれば次のとおりである。

第2表　吸湿過程における籾、籾殻、玄米の含水率変化

品種 試験項目 測定時間	試験前	0.5時目	1時目	3時目	6時目
あさぎり	籾含水率 %	11.5	12.4	12.8	14.2	15.5
	同上 増加割合 %	—	7.8	11.3	23.4	34.7
	籾殻 含水率 %	8.8	11.0	13.1	14.2	15.5
	同上 増加割合 %	—	23.5	47.1	58.4	74.9
	玄米 含水率 %	12.0	12.3	12.6	13.8	15.0
	同上 増加割合 %	—	2.4	5.0	15.0	25.0
ホウネンワセ	籾含水率 %	11.3	12.2	13.0	14.4	15.6
	同上 増加割合 %	—	8.8	15.0	27.4	38.1
	籾殻 含水率 %	8.9	11.0	13.0	14.1	15.4
	同上 増加割合 %	—	25.0	47.7	60.2	75.0
	玄米 含水率 %	11.8	12.4	12.9	14.3	15.4
	同上 増加割合 %	—	5.0	8.4	21.1	30.5

13

1 乾燥過程における場合

（1） 生籾、吸湿籾共に含水率減少割合は籾殻＞籾＞玄米の順に小であり、吸湿籾の玄米、籾殻は生籾のそれに比較して含水率減少割合が大である。

（2） 籾内蔵玄米の部位別水分分布は生籾、吸湿籾共に乾燥（42℃－40%）1時間後に澱粉胚乳表層部と中心部の水分含量の差が最大となったが、その差の巾は生籾内蔵玄米の方が大である。

（3） 同種類籾における生籾、吸湿籾の含水率減少割合及び玄米の部位別水分々布の較差は、生籾の籾殻、玄米は未だ充分枯れていないため水分が通過しにくいためと考えられ、吸湿籾は乾燥して一度枯れているので生籾に比べて水分が通過しやすいためと考えられる。

（4） 玄米表層部と澱粉胚乳表層部の水分計指示値の差の主たる原因は、両者の単位体積中の含水量が等しい場合を考える時、前者は糊粉層の油脂により後者より水分の分散が密となるためと考えられる。

2 吸湿過程における場合

（1） 朝霧、ホウネンワセ共に含水率増加割合は、籾殻＞籾＞玄米の順に小であるが、籾、玄米は経時的に両種の較差（朝霧＞ホウネンワセ）が漸増し3時間後に最大となりその後漸減を示すが、籾殻においては顕著な差はみられない。

（2） 籾内蔵玄米の部位別水分分布は両種共1～3時間後に澱粉胚乳表層部と中心部との差が最大となったが、朝霧はホウネンワセよりその差が大である。

（3） 両種間の含水率増加割合、部位別水分々布の較差は主として両種玄米の密度差による米粒内水分拡散速度差に原因するものと考えられる。

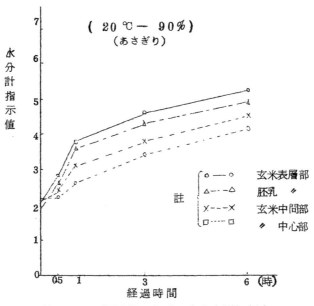

第6図　吸湿過程における含水率増加割合

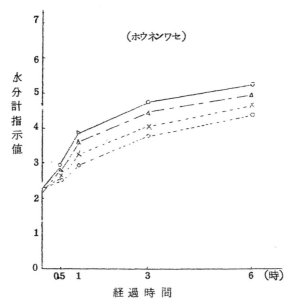

第7図　吸湿過程における籾内蔵玄米水分々布

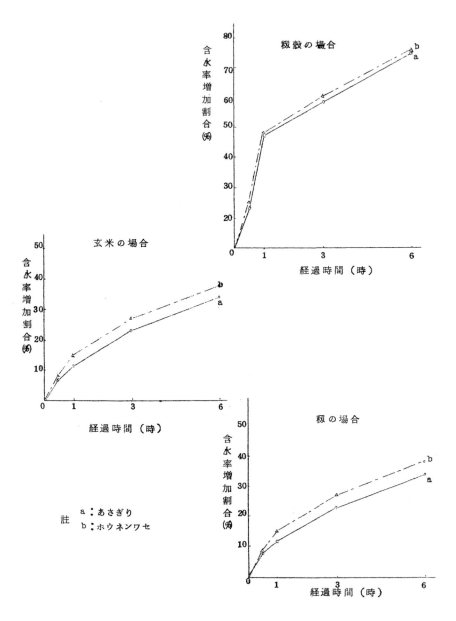

第7図　吸湿過程における籾内蔵玄米水分々布

第三章　生籾の乾燥過程及び乾燥籾の吸湿過程における籾殻の性状変化

　生籾の乾燥過程及び乾燥籾の吸湿過程における籾殻の性状は、籾の含水率減少割合又は増加割合の相違等から異なる事が考えられるので、両過程における籾から得た籾殻の透気性、透湿性及び形状の変化等について調べた結果を記述する。

第一節　乾燥過程における場合

（1）　試料

　乾燥過程における含水率の異なる 3 区の籾から得た籾殻を得るために昭和 38 年産近畿 33 号（籾含水率 18.6％、籾殻含水率 16.8％）を 40℃－30％のデシケータ中にてそれぞれ 1 時間、3 時間、6 時間乾燥し籾殻含水率 14.2％（籾含水率 17.4％）、10.2％（籾含水率 15.3％）、7.1％（籾含水率 13.2％）の 3 区の籾殻を供試した。

（2） 試験方法

籾殻の形状調査は籾殻裏面を顕微鏡（80倍）により3区について調べた。

透気性試験は籾殻の透気時間を調べるために第8図に示す試験装置（ガーレースデンソメータ）を用い、日本工業規格（J.I.S － P8117）に準じ厚さ1mmのポリエチレンシートに6mm²（2mm×3mm）の孔を穿け、孔の上に無傷の試料籾殻を置きポリエチレンシートと籾殻との境をマイクロワックスで密封した上、籾殻面6mm²（2mm×3mm）を残してマイクロワックスを塗布したものを透気試験装置下部に締付金具で装着し実施した。同試験装置は上下に貫通した空気パイプを中心部に有する有底金属製外筒と外筒内に挿入される目盛のある金属製有蓋内筒（重量507 ± 1.0g、容積350cc）とからなり、外筒内に深さ127mmまで水を入れ試験装置下部締付金具により試料を装着してから内筒を外筒内に挿入する時は筒内空気は内筒の重量により試料を透気（透気圧0.879g／mm²）して外部に流出するが、内筒の0から100ccまでの目盛が外筒の縁を通過するに要する秒数を一区につき5点づつ測量し、その平均値を求め6mm²の籾殻を空気100ccが通過するに要する平均時間とした。

透湿性試験は第9図に示す試験装置（透湿試験カップ、容積31.4cm²）を用い日本工業規格（J.I.S － Z1504）に準じ、試料を透気試験の場合と同様にしてポリエチレンシートに装着せしめ、透湿試験カップ内に充分水を吸わせた脱脂綿を入れ同カップ上部締付金具により座金を介して上記試料を締付けた後重量を測定し、塩化カルシウムを入れたデシケータ内に室温（15℃～21℃）において24時間放置後の重量との差を1区5点ずつについて測定し、その平均値を6mm²当りの透湿量とした。

試験はいずれも20℃－65％の恒温、恒湿室において昭和38年10月に実施した。

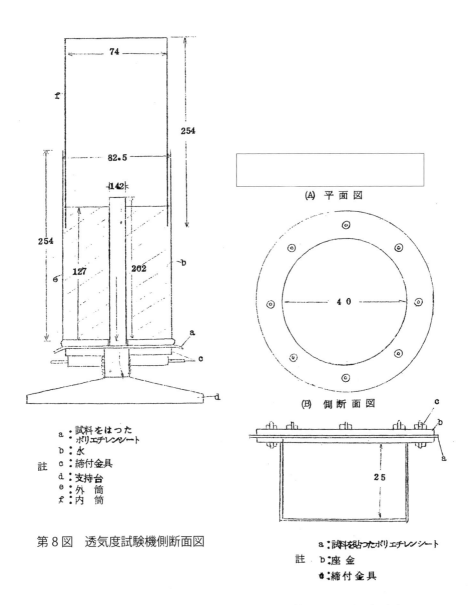

(A)　平　面　図

註
a：試料をはつた
　　ポリエチレンシート
b：水
c：締付金具
d：支持台
e：外　筒
f：内　筒

第８図　透気度試験機側断面図

(B)　側　断　面　図

註
a：試料を貼つたポリエチレンシート
b：座　金
c：締付金具

第９図　透湿度試験器

（3） 試験結果及び考察

　乾燥過程における籾殻の透気性、透湿性については第3、4表及び第10、11図に、形状は写真第1、2、3に示す通りである。

1　透気性について

　100ccの空気の透気時間は籾殻含水率の減少と共に小となり、籾殻含水率10％以下において急激に小となった。即ち乾燥するに従い透気性は大となっている。又籾殻の表、裏の透気性は裏面より表面への透気性が籾殻の乾燥度にかかわらず表面より裏面へのそれより大であった。

2　透湿性について

　24時間における透湿量は籾殻含水率の減少と共に漸次増加し、籾殻含水率10％以下においては10％以上における場合より大であった。即ち乾燥するに従い透湿性が大となっており表、裏の透湿性は透気性と同様裏面より表面への透気性が表面より裏面へのそれより大であった。

3　形状の変化

　籾殻裏面の形状は籾殻含水率14.2％においては空隙が比較的少なく、10.2％では若干空隙が増加し7.1％では顕著に空隙が増加している。

　以上の結果より生籾の乾燥過程における同籾より得た籾殻の透気性、透湿性、空隙が次第に大となったのは、含水率低下と共に籾殻の枯れが促進されるためである。

第二節　吸湿過程における場合

（1）　試料

　乾燥籾の吸湿過程における含水率の異なる3区の籾から得た籾殻を得るために、昭和38年産近畿33号籾（籾含水率18.6％、籾殻含水率16.8％）を40℃－30％のデシケータ中で7時間乾燥し同籾（籾含水率12.2％、籾

第 3 表　籾の乾燥における籾殻の透気性変化　（近畿 33 号）

試　験　項　目		籾殻透気時間（sec／6㎜）		備　　　考
籾含水率% ＼ 籾殻含水率%		表面より裏面へ	裏面より表面へ	
1 7.4	1 4.2	4 5 9.4	4 3 0.6	乾燥条件 40 ℃ → 3 0%
1 5.3	1 0.2	4 1 8.2	3 7 8.5	
1 3.2	7.1	3 1 4.2	2 7 0.7	

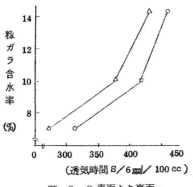

註　○—○　表面より裏面へ
　　△—△　裏面より表面へ

第 10 図　籾ガラ透気性変化

（乾燥過程近畿 33 号）

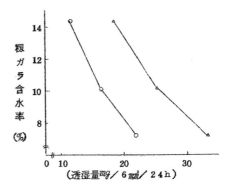

第 11 図　籾ガラ透湿性変化

（乾燥過程近畿 33 号）

第 4 表　籾の乾燥における籾殻の透湿性変化　（近畿 33 号）

試　験　項　目		籾殻透湿量mg／6㎜／24 h		備　　　考
籾含水率% ＼ 籾殻含水率%		表面より裏面へ	裏面より表面へ	
1 7.4	1 4.2	1 1.6	1 8.5	乾燥条件 40 ℃ → 3 0%
1 5.3	1 0.2	1 6.5	2 5.1	
1 3.2	7.1	2 2.1	3 3.2	

写真 1. 含水率 14.2%の籾殻

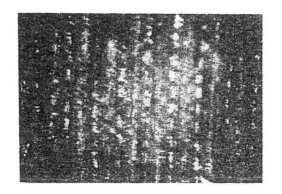

写真 2. 含水率 10.2%の籾殻

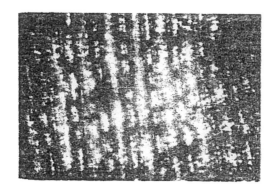

写真 3. 含水率 7.1%の籾殻

殻含水率 5.4％）を 3 区に分けそれぞれ 20℃－90％のデシケータ中で 2 時間、4 時間、6 時間放置して籾殻含水率 9.8％（籾含水率 13.8％）、11.2％（籾含水率 15.4％）、13.8％（籾含水率 16.6％）の籾殻を供試した。

（2）　試験方法

籾殻の透気性、透湿性、形状について前節と同じ方法により昭和 38 年 10 月に実施した。

3　試験結果及び考察

吸湿過程における籾殻の透気性、透湿性については第 5、6 表、第 12、13 図に形状は写真 4 に示すとおりであるが、籾殻含水率の増加と共に透気時間は徐々に増加し、透湿量は徐々に減少した。即ち透気性、透湿性は共に徐々に大となり籾殻含水率 11％以上においてはこの傾向は特に緩慢であった。又籾殻裏面より表面への透気性、透湿性は表面より裏面へのそれより大であった。なお、籾殻裏面の形状は乾燥過程における籾殻含水率 7.1％（写真 3）の場合と吸湿過程における籾殻含水率 13.8％の場合（写真 4）の空隙の状態は顕著な差はみられない。

以上の結果より、一度乾燥されて透気性、透湿性が大となった籾殻は吸湿して含水率が増加しても生籾の乾燥過程における籾殻の透気性、透湿性には戻らない。即ち復元性に乏しいと言い得る。

第 5 表　籾の吸湿過程における籾殻透気性変化　近畿 33 号

含水率 (%)	殻含水率 (%)	殻透気時間 (S/6㎖)		備　考
		表面より裏面へ	裏面より表面へ	
13.8	8.6	316.2	282.2	
15.4	11.2	341.5	318.1	
16.6	13.8	362.2	332.8	

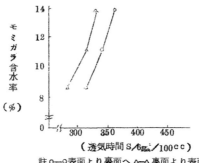

註 ○—○ 表面より裏面へ　△—△ 裏面より表面へ

第 12 図　籾ガラ透気性変化

（吸湿過程近畿 33 号）

第 6 表　籾の吸湿過程における籾殻透湿性変化　近畿 33 号

含水率 （%）	殼含水率 （%）	籾　殼　透湿量 mg／6mm²／24 h		備　　考
		表面より裏面へ	裏面より表面へ	
13.8	8.6	22.1	30.5	
15.4	11.2	19.3	26.4	
16.6	13.8	18.6	24.2	

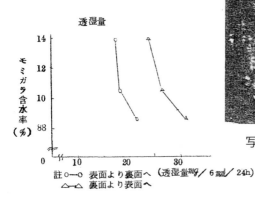

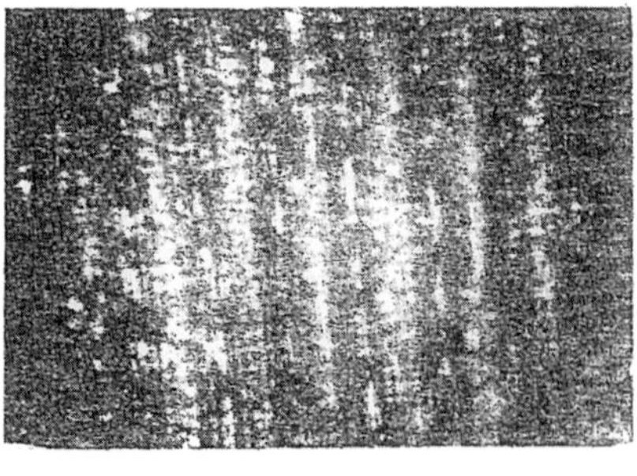

写真 4.　含水率 13.8%の籾殻

註 ○—○　表面より裏面へ　（透湿量 mg／6mm²／24h）
　　△—△　裏面より表面へ

第 13 図　籾ガラ透湿性変化

（吸湿過程近畿 33 号）

第三節　要約

　生籾の乾燥過程及び乾燥籾の吸湿過程における籾殻の性状について要約すれば次のとおりである。

1　乾燥過程における場合

　籾殻含水率の減少と共に透気性、透湿性及び籾殻の空隙は増加し籾殻含水率 10.0％以下においてはそれ以上における場合より特に大である。

2　吸湿過程における場合

　籾殻含水率の増加と共に透気性、透湿性は徐々に減少するが籾殻含水率 11.0％以上においては極めて緩慢である。又籾殻空隙は顕著な変化がない。

3　乾燥、吸湿両過程における籾殻の透気性、透湿性は籾殻裏面より表面への方が表面より裏面へより大である。

第四章　乾燥又は吸湿による玄米の膨張又は収縮と胴割との関係

　岡村氏［11］によれば、玄米が吸湿する場合の三径の膨張率について次の様に報告している。

（1）　急激に吸湿する場合は、当初巾＞厚＞長の順であり、長時間後には巾＞長＞厚の順となる。

（2）　比較的緩徐に吸湿する場合は巾＞長＞厚の順となり、長時間後もこの順は同じである。

（3）　緩徐に吸湿する場合は当初長＞巾＞厚の順となり、長時間後には巾＞長＞厚の順となる。なお同氏は玄米の含水率が低い程、又関係湿度の高い程、玄米の吸湿は急激となる。又その反対の場合は玄米の吸湿は緩徐となるため、膨張率は小さく、或いは収縮する場合もあるとしている。

　本章においては、玄米は形状よりみれば、その表面は総て曲面であるので、曲面の変化を無視することは出来ないと考え、前出の三径の要素に更に曲面の要素を加えて、玄米の正面図、平面周、側面周が玄米の含水率変化に伴っ

てどのように変化するかを測定すると共にそれらと胴割発生との関係を調べた結果を記述する。

第一節　吸湿による玄米の大きさの変化と胴割との関係

（1）　試料

　木箱中に常温保管された昭和36年産名倉穂（籾含水率13.5％）及びホウネンワセ（籾含水率13.6％）の籾及び両種籾をシリカゲルを入れたデシケータ中に於て5時間乾燥して籾含水率が名倉穂10.6％、ホウネンワセ10.4％となった籾を脱稃し、無傷な無胴割玄米を選び供試玄米とした。（供試玄米含水率は名倉穂13.6、10.5％、ホウネンワセ13.5、10.8％）

（2）　試験方法

　デシケータ内に比重を調節した硫酸を入れ器内空気の関係湿度を100、90、80％の3区とし、温度20℃で供試玄米各区50粒をシャーレーにとり吸湿せしめ、胴割発生歩合を調べた。又別に供試玄米を各区5粒ずつシャーレーにとり吸湿に伴なう玄米の大きさ及び含水率の変化を測定した。なお吸湿による玄米の部分的形状変化を精査するためにホウネンワセを用いて玄米の背部、腹部及び胚芽部のいずれかにマイクロワックスを塗布して前記の各関係湿度のデシケータ中に入れ、該部分よりの吸湿による変形を防止して、玄米の背部、腹部、側面部、胚芽側尖端部、胚芽のない側尖端部の変形について調べた。なお玄米の平面周、側面周および正面周を得るためには第14図に示す治具を工夫し、万能投影機により写真5、6、7に示す様な投影（20倍）を作りこれをキユソノメータにより測定した。

　測定は三面周及び胴割については1時間目、3時間目、6時間目に、玄米の部分的変形の比較については関係湿度100％、90％においては1時間目、6時間目に、80％については6時間目に迅速に実施した。

　実験は昭和37年4月に施行した。

(3)　試験結果

(A)　関係湿度100％の場合

　含水率の異なる玄米を関係湿度100％に置いた場合の米粒の大きさ、含水率の変化及び胴割歩合は第7〜10表及び第16、17図のとおりである。

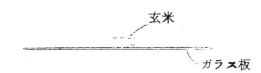

b（正　面）

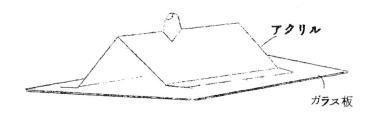

c（側　面）

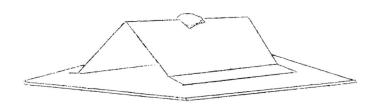

第14図　a（平面）

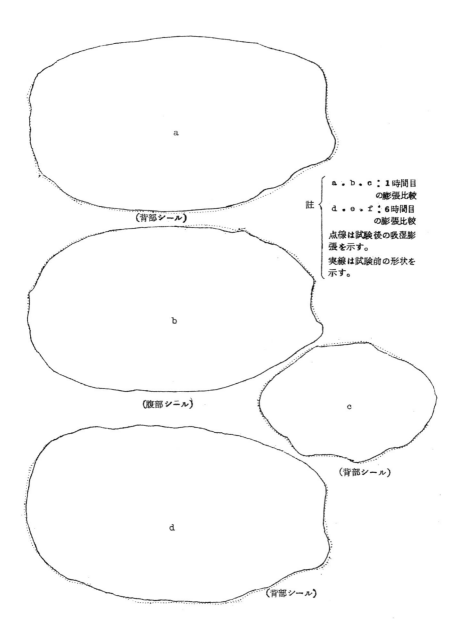

(背部シール)　　a

註 { a・b・c：1時間目
　　　　の膨張比較
　　d・e・f：6時間目
　　　　の膨張比較
点線は試験後の吸湿膨
張を示す。
実線は試験前の形状を
示す。

(腹部シニール)　　b

c

(背部シール)

(背部シール)　　d

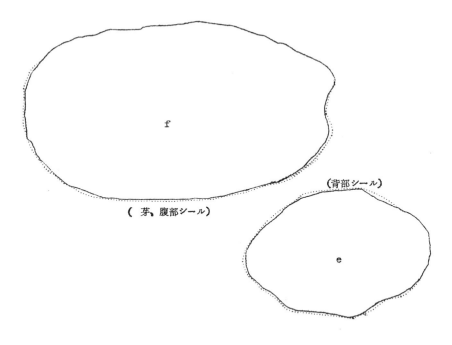

（背部シール）

（　芽、腹部シール）

f

e

第 15 図　関係湿度 100％に於ける米粒の部分的膨張比較　（ホウネンワセ）

写真 5　玄米正面

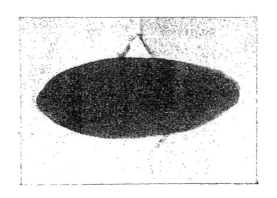

写真 6　玄米側面

写真 7　玄米平面

第 7 表　20℃－100％に於ける玄米の含水率変化と玄米の大きさ変化及び
　　　　胴割との関係　　　　　　　　　　　　　　　　　（ホウネンワセ）

測定時間＼試験項目	含水率 (%)	平　面　周		側　面　周		正　面　周		胴割発生
		周長 (cm)	膨張率(%)	周長 (cm)	膨張率(%)	周長 (cm)	膨張率(%)	歩合（%）
試　験　前	10.8	1.440	―	1.250	―	0.820	―	0
1 時間目	12.1	1.470	2.1	1.270	1.6	0.840	2.4	62
8 時間目	14.5	1.480	2.7	1.280	2.4	0.845	3.1	96
6 時間目	15.8	1.495	3.8	1.290	3.2	0.850	3.6	100

第8表　20℃－100％に於ける玄米の含水率変化と玄米の大きさ変化及び
　　　　胴割との関係　　　　　　　　　　　　　　　　　　　　（名倉穂）

測定時間＼試験項目	含水率（％）	平　面　周		側　面　周		正　面　周		胴割発生歩合（％）
		周長(cm)	膨張率(%)	周長(cm)	膨張率(%)	周長(cm)	膨張率(%)	
試　験　前	10.5	1.345	－	1.200	－	0.805	－	0
1 時間目	11.9	1.375	2.2	1.225	2.0	0.825	2.4	82
3 時間目	13.4	1.385	2.9	1.230	2.5	0.830	3.1	100
6 時間目	15.3	1.400	4.1	1.240	3.3	0.835	3.7	100

第9表　20℃－100％に於ける玄米の含水率変化と玄米の大きさ変化及び
　　　　胴割との関係　　　　　　　　　　　　　　　　　（ホウネンワセ）

測定時間＼試験項目	含水率（％）	平　面　周		側　面　周		正　面　周		胴割発生歩合（％）
		周長(cm)	膨張率(%)	周長(cm)	膨張率(%)	周長(cm)	膨張率(%)	
試　験　前	13.5	1.455	－	1.300	－	0.845	－	0
1 時間目	15.2	1.475	1.3	1.310	0.7	0.860	1.7	12
3 時間目	16.4	1.480	1.7	1.315	1.2	0.865	2.4	18
6 時間目	17.5	1.495	2.7	1.315	1.2	0.865	2.4	20

第10表　20℃－100％に於ける玄米の含水率変化と玄米の大きさ変化及び
　　　　胴割との関係　　　　　　　　　　　　　　　　　　　（名倉穂）

測定時間＼試験項目	含水率（％）	平　面　周		側　面　周		正　面　周		胴割発生歩合（％）
		周長(cm)	膨張率(%)	周長(cm)	膨張率(%)	周長(cm)	膨張率(%)	
試　験　前	13.6	1.430	－	1.255	－	0.795	－	0
1 時間目	14.8	1.445	1.1	1.265	0.7	0.810	1.8	18
3 時間目	16.0	1.460	2.1	1.270	1.2	0.815	2.5	24
6 時間目	17.1	1.470	2.7	1.280	2.0	0.815	2.5	26

第7～10表によれば玄米は水分を吸収して平面周、側面周、正面周共に増加したが、その膨張率は含水率10.5％、10.8％の玄米は水分の吸収急激にして三面周共に含水率13.6％、13.5％の玄米に比較して大である。

玄米をデシケータ中に入れて1時間目及び3時間目に於ける膨張率はそ

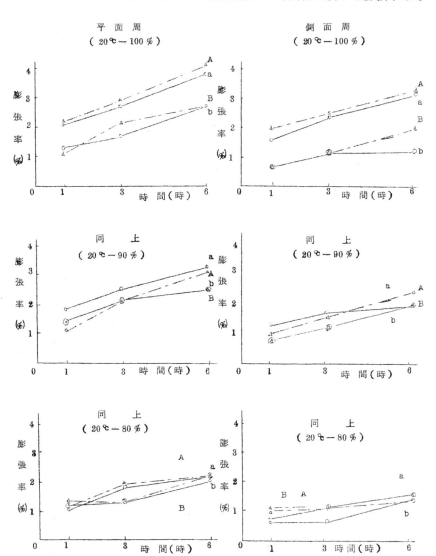

れぞれ正面周＞平面周＞側面周の順に大で胴割歩合も最も高く、6時間目に於てはそれぞれ平面周＞正面周＞側面周の順となり含水率10.5％〜10.8％の玄米は全部胴割米となり、含水率13.5％〜13.6％の玄米は12％〜26％が胴割米となった。

　玄米が急激に吸湿膨張する場合には胴割の発生が最も多く、その場合の三面周の膨張率は正面周＞平面周＞側面周の順である。

　玄米の吸湿による部分的変化について第16図によれば1時間目に於いては胚芽部、腹部の膨張が最も大きく次いで側面、背部、両尖端部がほぼ同様な膨張を示している。

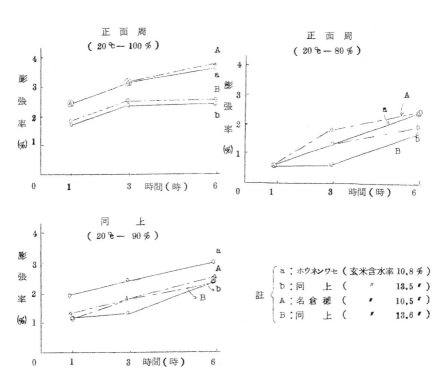

第16図　玄米の吸湿条件と膨張との関係

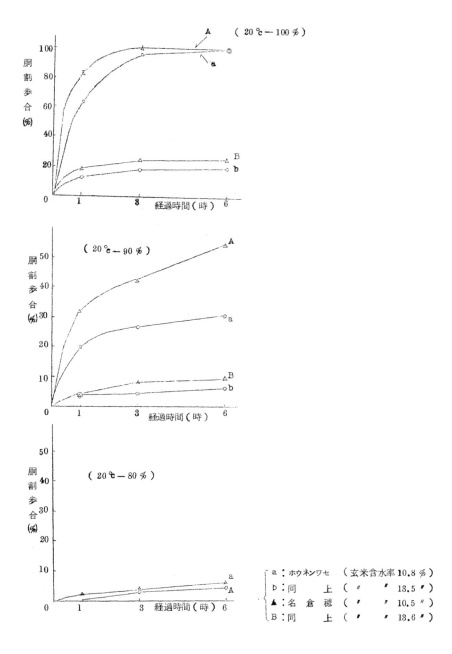

第 17 図　吸湿条件と胴割との関係

6時間目に於ては腹部、胚芽部の膨張が一層大きく、次いで胚芽側尖端部の順となり側面、背部はほぼ同様な膨張を示し胚芽のない側の尖端部が最も膨張が少ない。

（B）　関係湿度90%の場合

第11～第14表、第16～18図によれば含水率10.5%、10.8%の玄米は吸湿して1時間目に20%～32%の胴割を生じたが三面の膨張率は共に正面周＞平面周＞側面周であり、3時間目、6時間目に於ては平面周＞正面周＞側面周となり30%～55%の胴割米を生じた。

含水率13.5%、13.6%の玄米は1時間目、3時間目、6時間目共に三面周の膨張率は平面周＞正面周＞側面周の順となり胴割米発生は僅少であった。

吸湿による玄米の部分的変形について第19図によれば1時間目に於ては関係湿度100%の場合と同様に腹部、胚芽部の膨張が最大となり次いで側面、背部、両尖端部はほぼ同様に僅かな膨張を示している。

6時間目に於いては腹部、胚芽部の膨張が最も大きく次いで両尖端部の順となり側面、背部はほぼ同様な膨張を示しているが、各部分に於ける曲面の変化は複雑であり両尖端部、背部に於いては局部的に収縮した部分もある。

（C）　関係湿度80%の場合

含水率10.5%、10.8%の玄米は僅かに吸湿して三面周共僅かに膨張したが、1時間目の膨張率は平面周＞側面周＞正面周の順となり胴割米の発生はなかったが、3時間目では平面周＞正面周＞側面周となり6時間目に於いては正面周＞平面周＞側面周の順となり4%～6%の胴割米を生じた。

含水率13.5%、13.6%の玄米は僅かな吸湿に止まり膨張も少なく膨張率は1時間目に於いては平面周＞側面周＞正面周の順であり6時間目には平面周＞正面周＞側面周となったが胴割米の発生はなかった。

第11表　20℃－90％に於ける玄米の含水率変化と大きさ変化及び胴割との関係
　　　　　　　　　　　　　　　　　　　　　　　　　　（ホウネンワセ）

測定時間＼試験項目	含水率（％）	平面周 周長(cm)	膨張率(%)	側面周 周長(cm)	膨張率(%)	正面周 周長(cm)	膨張率(%)	胴割発生 歩合（％）
試験前	10.8	1.370	—	1.200	—	0.810	—	0
1時間目	11.5	1.395	1.8	1.215	1.3	0.825	1.9	20
3時間目	12.5	1.405	2.5	1.220	1.7	0.830	2.4	26
6時間目	13.2	1.415	3.2	1.225	2.0	0.835	3.0	30

第12表　20℃－90％に於ける玄米の含水率変化と玄米の大きさ変化及び胴割との関係
　　　　　　　　　　　　　　　　　　　　　　　　　　（名倉穂）

試験時間＼試験項目	含水率（％）	平面周 周長(cm)	膨張率(%)	側面周 周長(cm)	膨張率(%)	正面周 周長(cm)	膨張率(%)	胴割発生 歩合（％）
試験前	10.5	1.420	—	1.250	—	0.800	—	0
1時間目	11.8	1.435	1.1	1.260	1.0	0.810	1.3	32
3時間目	12.6	1.450	2.1	1.270	1.6	0.815	1.8	42
6時間目	13.5	1.465	3.1	1.280	2.4	0.820	2.5	54

第13表　20℃－90％に於ける玄米の含水率変化と玄米の大きさ及胴割との関係
　　　　　　　　　　　　　　　　　　　　　　　　　　（ホウネンワセ）

試験時間＼試験項目	含水率（％）	平面周 周長(cm)	膨張率(%)	側面周 周長(cm)	膨張率(%)	正面周 周長(cm)	膨張率(%)	胴割発生 歩合（％）
試験前	13.5	1.375	—	1.195	—	0.820	—	0
1時間目	14.4	1.395	1.4	1.205	0.8	0.830	1.2	4
3時間目	14.8	1.405	2.1	1.210	1.2	0.835	1.3	4
6時間目	15.4	1.410	2.5	1.215	2.0	0.840	2.4	6

第 14 表　20℃－90％に於ける玄米の含水率変化と玄米の大きさ及胴割と
　　　　の関係　　　　　　　　　　　　　　　　　　　　　（名倉穂）

試験項目／試験時間	含水率（％）	平面周 周長(cm)	平面周 膨張率(%)	側面周 周長(cm)	側面周 膨張率(%)	正面周 周長(cm)	正面周 膨張率(%)	胴割発生歩合（％）
試験前	13.6	1.400	—	1.220	—	0.800	—	0
1時間目	14.0	1.420	1.4	1.230	0.8	0.810	1.2	4
3時間目	14.2	1.430	2.1	1.235	1.2	0.815	1.8	8
6時間目	14.8	1.435	2.5	1.245	2.0	0.820	2.4	8

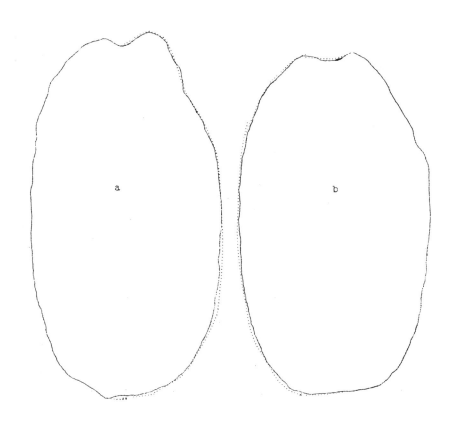

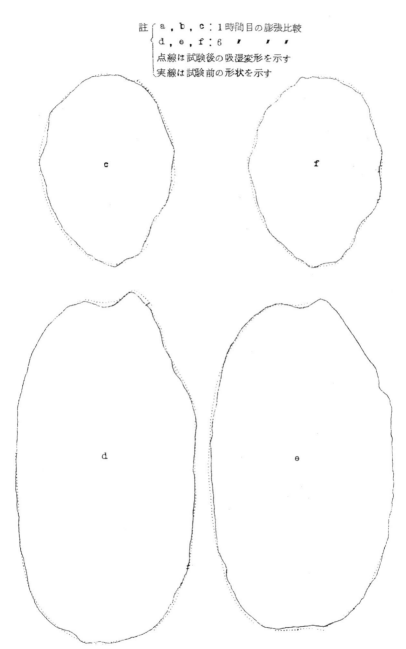

註 ｛ ａ，ｂ，ｃ：１時間目の膨張比較
　　｛ ｄ，ｅ，ｆ：６　〃　〃　〃
　　点線は試験後の吸湿変形を示す
　　実線は試験前の形状を示す

第18図　関係湿度90%に於ける米粒の部分的変形比較　　（ホウネンワセ）

第 15 表　20℃－80％に於ける玄米の含水率変化と玄米の大きさ及胴割との関係
(ホウネンワセ)

測定時間＼試験項目	含水率 (%)	平　面　周		側　面　周		正　面　周		胴割発生 歩合 (%)
		周長(cm)	膨張率(%)	周長(cm)	膨張率(%)	周長(cm)	膨張率(%)	
試 験 前	10.8	1.390	—	1.240	—	0.775	—	—
1 時間目	11.2	1.405	1.0	1.250	0.8	0.780	0.6	0
3 時間目	11.3	1.415	1.8	1.255	1.2	0.785	1.3	2
6 時間目	11.5	1.420	2.2	1.260	1.6	0.795	2.4	4

第 16 表　20℃－80％に於ける玄米含水率変化と玄米の大きさ及胴割との関係
(名倉穂)

測定試験＼試験項目	含水率 (%)	平　面　周		側　面　周		正　面　周		胴割発生 歩合 (%)
		周長(cm)	膨張率(%)	周長(cm)	膨張率(%)	周長(cm)	膨張率(%)	
試 験 前	10.5	1.375	—	1.245	—	0.825	—	—
1 時間目	11.0	1.390	1.1	1.255	1.0	0.830	0.6	2
3 時間目	11.2	1.400	1.9	1.260	1.2	0.840	1.8	4
6 時間目	11.4	1.405	2.1	1.265	1.6	0.845	2.4	6

第 17 表　20℃－80％に於ける玄米含水率変化と玄米の大きさ及胴割との関係
(名倉穂)

測定時間＼試験項目	含水率 (%)	平　面　周		側　面　周		正　面　周		胴割発生 歩合 (%)
		周長(cm)	膨張率(%)	周長(cm)	膨張率(%)	周長(cm)	膨張率(%)	
試 験 前	13.6	1.430	—	1.255	—	0.795	—	—
1 時間目	13.7	1.450	1.3	1.270	1.1	0.800	0.6	0
3 時間目	13.8	1.450	1.3	1.270	1.1	0.805	1.2	0
6 時間目	13.8	1.455	2.1	1.275	1.5	0.810	1.9	0

第18表　20℃－80%に於ける玄米変化と玄米の大きさ及胴割との関係

（ホウネンワセ）

測定時間 試験項目	含水率 (%)	平面周		側面周		正面周		胴割発生歩合 (%)
		周長(㎜)	膨張率(%)	周長(㎜)	膨張率(%)	周長(㎜)	膨張率(%)	
試験前	13.5	1.455	―	1.300	―	0.845	―	―
1時間目	13.6	1.470	1.0	1.310	0.7	0.855	0.6	0
3時間目	13.8	1.475	1.3	1.310	0.7	0.855	0.6	0
6時間目	13.8	1.485	2.0	1.320	1.5	0.860	1.7	0

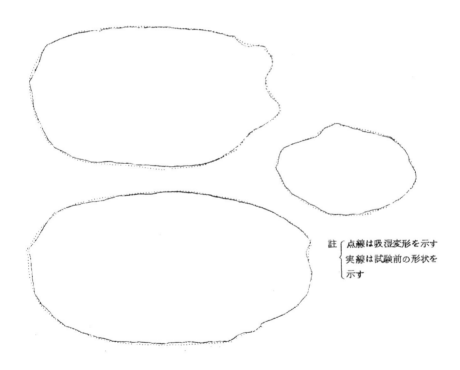

註 ⎰ 点線は吸湿変形を示す
　　実線は試験前の形状を
　　示す

第19図　関係温度80%に於て6時間目の米粒の部分的変形

（ホウネンワセ）

　吸湿による玄米の部分的変化について第 21 図によれば、6 時間目に於いては各部分共複雑な変形を示すが胚芽部、腹部の膨張が概して大きく他の部分は極めて僅かな膨張に止まった。又各部分に於ける局部的変形は僅かな収縮又は膨張等の微細な変形を示している。

（4）　考察

　関係湿度 100、90、80％の各場合における玄米の膨張様相と胴割発生との関係について考察すれば次のとおりである。

（1）　玄米が急激に膨張して胴割米を多数発生した場合は、三面周の膨張割合は正面周＞平面周＞側面周であったが、正面周の膨張は放射状に米粒の横方向のみの膨張であり、平面周、側面周の膨張は横方向の一部、縦方向の一部及びその中間方向の膨張である。従って三面周の膨張率が同一の場合、米粒の横方向に対する膨張の度合は以上の関係より正面周＞平面周≒側面周となり、縦方向に対しては、平面周≒側面周となることが考えられる。

　　玄米が急激に吸湿して、その膨張率が正面周＞平面周＞側面周となった時は殊更に横方向の膨張が縦方向に比較して集中的に大きくなるので、表層部の膨張に内部組織が追従出来ないために多数の胴割米を生じたものと考えられる。

（2）　やや急激な吸湿における場合は、膨張率は平面周＞正面周＞側面周の順即ち縦方向、横方向の一部及び中間方向の膨張率が最大であり、次いで横方向の順となり、関係湿度 100％の場合より軽微な胴割米を生じたのは、最大膨張率を占める分野が一方向に集中的でなく、その度合も比較的小さいためと考えられる。

（3）　比較的緩慢な吸湿における場合は膨張率は平面周＞側面周＞正面周となり、この場合には胴割米を全然生じなかったが、それは膨張率が僅か

であるためと考えられる。

　岡村氏［12］によれば玄米の吸湿による胴割米の発生について、急激な吸湿は特殊働作と考えられるため、その働作に対する感度は水の浸潤により最も緩徐な長さが最小で次いで巾、厚さとなり、働作は感度の強い巾、厚さの方向に加えられるたの横に割目を生じ、比較的少ない吸湿では、三径は緩徐な膨張をするが、その感度は巾、厚さにおいて大きいため、巾、厚さの方向に割れる。又湿度の低い時は巾、厚さの感度が小であるため割れないものと考えられるとしている。岡村氏の試験結果と本試験結果とはほぼ同様な結果となったが、その考察において同氏は玄米の吸湿を働作とみなし、働作に対する三径の感度を推定してその大小により胴割発生を論じているが、本試験においては、三面周の変化を比較し、正面周の変化は横方向のみの変化であり、平面周、側面周は縦、横、中間方向の変化である事より胴割の発生について考察した点が異なる。

　なお、玄米の吸湿膨張と胴割との関係を一層明確とするためには、玄米の部位別水分分布の状態を知る必要があり、特に玄米が吸湿する以前の水分分布の状態により吸湿による胴割発生も異なる事が考えられるので、此等の諸点について検討しなければならない。

第二節　乾燥による玄米の大きさの変化と胴割の関係

（1）　試料

　昭和37年産名倉穂（籾含水率16.9％）及びホウネンワセ（籾含水率16.5％）を用いそれぞれ脱稃して無傷無胴割玄米を選び供試した。玄米の含水率は名倉穂17.2％、ホウネンワセ16.8％である。

（2）　試験方法

　比重を調整した硫酸を入れたデシケータ及び電気恒温機により20℃－

50％及び 40℃－40％、60℃－30％の３区の乾燥空気条件において胴割発
生歩合を調べるために各区について 50 粒を供し、また米粒の大きさ、含水
率の測定用として各区について５粒を供した。なおホウネンワセ玄米２粒
をシャーレーに取り 20℃－50％における変形を調べた。

　米粒の大きさの測定及び部分的変形の比較は前節と同じ方法により実施
し、測定は 20℃－50％においては試験開始後３時間目、５時間目、40℃
－40％においては１時間目、２時間目、60℃－30％においては 0.5 時間目、
１時間目に行った。実験は昭和 37 年 11 月に実施したものである。

（3）　**試験結果**

1）　20℃－50％の場合

　ほぼ同様な含水率の２種類玄米を 20℃－50％の空気中に置いた場合の
含水率、米粒の大きさ変化及び胴割歩合は第 19、20 表、及び第 20 ～ 22
図のとおりである。

　両表によれば、含水率 17.2％、16.8％の玄米は乾燥して平面周、側面周、
正面周共に縮少したが、その割合は３時間目、５時間目共に平面周＞正面周
＞側面周の順であり、胴割米の発生は３時間目、５時間目において両品種共
になかった。米粒の部分的変形については第 20 図、第 21 図に示すように、
３時間目における収縮変化の比較は腹部、胚芽部がほぼ同様な収縮変形を示

第 19 表　20℃－50％における玄米含水率変化と玄米の大きさ及び胴割と
　　　　　の関係　　　　　　　　　　　　　　　　　　　　　　（名倉穂）

測定時間 試験項目	含水率 （％）	平 面 周		側 面 周		正 面 周		胴割歩合 （％）
		周長(cm)	収縮率(%)	周長(cm)	収縮率(%)	周長(cm)	収縮率(%)	
試 験 前	17.2	1.382	—	1.212	—	0.812	—	—
3 時間目	14.5	1.351	2.1	1.201	0.8	0.801	1.3	0
5 時間目	13.5	1.351	2.1	1.201	0.8	0.801	1.3	0

第 20 表　20℃－50%における玄米含水率変化と玄米の大きさ及び胴割との関係
　　　　　　　　　　　　　　　　　　　　　　　　　（ホウネンワセ）

試験項目 測定時間	含水率 （%）	平　面　周		側　面　周		正　面　周		胴割歩合 （%）
		周長(cm)	収縮率(%)	周長(cm)	収縮率(%)	周長(cm)	収縮率(%)	
試　験　前	16.8	1.470	—	1.310	—	0.830	—	—
3 時間目	14.2	1.440	2.0	1.280	1.5	0.815	1.8	0
5 時間目	13.3	1.435	2.7	1.285	1.5	0.810	2.4	0

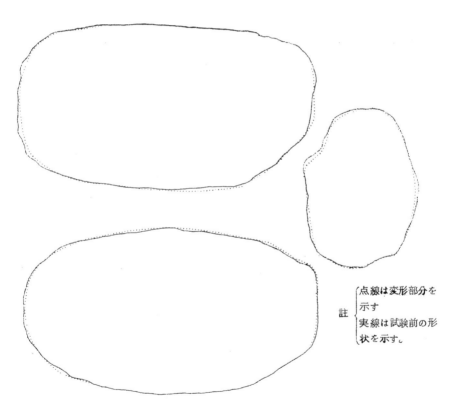

註 ⎰点線は変形部分を示す
　 ⎱実線は試験前の形状を示す。

第 20 図　20℃－50%における玄米の変形（試験開始後 3 時間目）
　　　　　　　　　　　　　　　　　　　　　　　　　（ホウネンワセ）

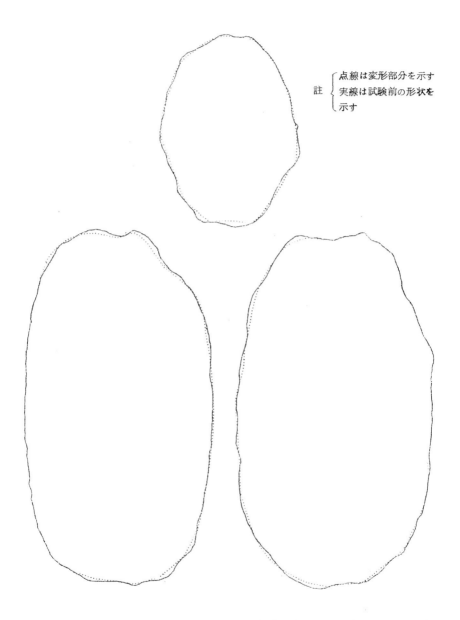

註 ｛点線は変形部分を示す
　　実線は試験前の形状を
　　示す

第 21 図　20℃－50％において 5 時間目の米粒の変形　　（ホウネンワセ）

し同部が最も変化が大きく次いで側面、両尖端部の順となり、背部変化が最小であった。

　5時間目に於ける玄米各部の収縮変化は、腹部、胚芽部、胚芽側尖端部がほぼ同様に変化が大きく次いで側面部、胚芽のない側尖端部、背部の順となった。

　玄米が吸湿する場合には前出のとおり胚芽部、腹部の膨張が最大であったが、乾燥収縮の場合も腹部、胚芽部の収縮が最大となった事は、腹部、胚芽部が他の部分に比較して吸湿又は乾燥しやすいことを示している。

2）　40℃－40％の場合

　含水率17.2％の名倉穂玄米及び含水率16.8％のホウネンワセ玄米を40℃－40％の空気中に置いた場合の米粒の大きさ、含水率及び胴割歩合は第21、22表、第22、23図のとおりである。

第21表　40℃－40％における玄米含水率、玄米の大きさ変化と胴割との
　　　　関係　　　　　　　　　　　　　　　　　　　　（名倉穂）

測定時間＼試験項目	含水率(%)	平　面　周		側　面　周		正　面　周		胴割歩合(%)
		周長(cm)	収縮率(%)	周長(cm)	収縮率(%)	周長(cm)	収縮率(%)	
試　験　前	17.2	1.445	—	1.295	—	0.820	—	—
1 時間目	15.3	1.420	2.3	1.265	2.3	0.800	2.4	10.0
2 時間目	13.5	1.410	3.1	1.260	2.7	0.795	3.0	12.0

第22表　40℃－40％における玄米含水率、玄米の大きさ変化と胴割との
　　　　関係　　　　　　　　　　　　　　　　　　（ホウネンワセ）

測定時間＼試験項目	含水率(%)	平　面　周		側　面　周		正　面　周		胴割歩合(%)
		周長(cm)	収縮率(%)	周長(cm)	収縮率(%)	周長(cm)	収縮率(%)	
試　験　前	16.8	1.465	—	1.285	—	0.850	—	—
1 時間目	14.8	1.425	2.7	1.255	2.3	0.825	2.9	6.0
2 時間目	13.1	1.410	3.7	1.250	2.7	0.815	4.1	8.0

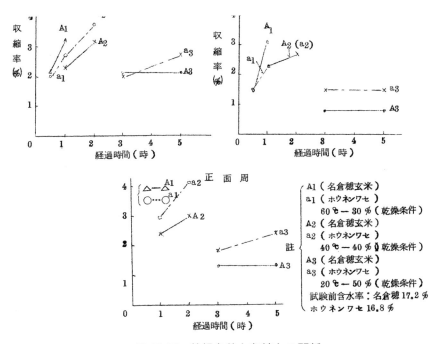

第 22 図　乾燥条件と収縮との関係

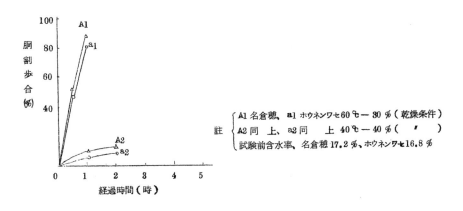

第 23 図　乾燥条件と胴割との関係

両表によれば、両種玄米共含水率の低下と共に僅かな胴割米を生じたが、三面周の収縮率は1時間目において共に正面周＞平面周＞側面周の順となり6%～10%の胴割米を生じた。

　2時間目における収縮率は共に平面周＞正面周＞側面周となり僅かな胴割米増加を生じた。

3) 60℃－30%の場合

　含水率17.2%の名倉穂玄米及び含水率16.8%のホウネンワセ玄米を60℃－30%の空気中に置いた場合の米粒の大きさ、含水率変化及び胴割歩合は第23、24表、第22、23図のとおりである。

　両表によれば両種玄米共急激によく乾燥し米粒の収縮も又大となり、特に正面周の収縮が著しく胴割米を多数発生した。

第23表　60℃－30%に於ける玄米含水率、玄米の大きさ変化と胴割との
　　　　関係　　　　　　　　　　　　　　　　　　　　　　（名倉穂）

試験項目 測定時間	含水率（%）	平　面　周		側　面　周		正　面　周		胴割歩合（%）
		周長(cm)	収縮率(%)	周長(cm)	収縮率(%)	周長(cm)	収縮率(%)	
試　験　前	17.2	1.400	—	1.260	—	0.850	—	—
0.5時間目	11.8	1.370	2.1	1.240	1.5	0.815	4.0	52
1　時間目	9.2	1.355	3.2	1.225	3.1	0.815	4.0	88

第24表　60℃－30%に於ける玄米含水率、玄米の大きさ変化と胴割との
　　　　関係　　　　　　　　　　　　　　　　　　　　（ホウネンワセ）

試験項目 測定時間	含水率（%）	平　面　周		側　面　周		正　面　周		胴割歩合（%）
		周長(cm)	収縮率(%)	周長(cm)	収縮率(%)	周長(cm)	収縮率(%)	
試　験　前	16.8	1.460	—	1.280	—	0.880	—	—
0.5時間目	11.2	1.430	2.0	1.255	1.5	0.845	3.8	46
1　時間目	8.4	1.420	2.7	1.250	2.3	0.845	3.8	80

　試験開始後 0.5 時間目における収縮率は、正面周＞平面周＞側面周の順となり名倉穂は 52％、ホウネンワセは 46％の胴割米を生じた。

　1 時間目における収縮率は 0.5 時間目と同様、正面周＞平面周＞側面周の順であり、胴割米歩合は名倉穂において 88％、豊年早生において 80％に達した。

　玄米が吸湿する場合の膨張率は正面周＞平面周＞側面周の時に胴割米が多く発生したが、乾燥時に於いても収縮率が正面周＞平面周＞側面周の場合に胴割米を多く発生することが判明した。

（4）　考察

　玄米が乾燥される場合の三面周の大きさ変化と胴割との関係について考察すれば次のとおりである。

1)　20℃－ 50％の場合

　三面周の収縮率は、3 時間目、5 時間目共に平面周＞正面周＞側面周の順となり、収縮変形は吸湿の時とは逆に腹部、胚芽部が他部に比し大きいが、収縮率は比較的軽微であったため胴割米の発生がなかったものと考えられる。

2)　40℃－ 40％の場合

　三面周の収縮率は 1 時間目において、正面周＞平面周＞側面周の順となり、10％前後の胴割米を生じ、2 時間目においては平面周＞正面周＞側面周となり、僅かの胴割米増加を見たが、収縮率は経時的に増大し、当初において特に横方向に集中的である正面周の収縮率が大であったためと考えられる。

3)　60℃－ 30％の場合

　玄米の含水率は急激に減少し三面周の収縮率も急激に大きくなったが、その比較は 0.5 時間目には、正面周＞平面周＞側面周の順となり、多数胴割米を生じたが、吸湿膨張の場合とは逆に玄米の表層部の急激な収縮に対し内部

が追従出来ないため、特に米粒の横方向に収縮が集中する正面周の収縮率最大の時、胴割が最も多い結果になったものと考えられる。

　急激な吸湿の場合、膨張率は正面周＞平面周＞側面周であったのに対し、急激な乾燥における収縮率も正面周＞平面周＞側面周となり、共に多数の胴割を生じた事及び膨張率、収縮率が平面周＞正面周＞側面周の時は胴割の発生が軽微であるか、または胴割米の発生がなかった事は、玄米の部分により吸湿又は乾燥に対する性質が若干異なり、吸湿し易い部分は乾燥しやすく、これらの因って来る原因は玄米の部分によって硬さが異なる事及び胚芽部は組織脆弱にして吸湿しやすく、また乾燥しやすいこと、品種によって米粒の密度が異なることによる、米粒内水分の拡散速度を異にすることに原因するところが大きいものと考えられる。

　なお、これ等の諸点を明確とするためには、吸湿する場合と同様に供試される以前の試料の水分々布と試験開始後の水分々布変化と胴割との関係等について検討する必要がある。

第三節　要約

　乾燥又は吸湿による玄米の膨張又は収縮と胴割発生との関係を要約すれば次の通りである。

1　玄米の吸湿に伴なう膨張と胴割発生との関係

（1）　20℃－100％における場合

　米粒三面周の膨張割合は、吸湿当初においては正面周＞平面周＞側面周の順に小となり、後には平面周＞正面周＞側面周の順に小となり、多数の胴割米を生じた。

（2）　20℃－90％における場合

　米粒三面周の膨張割合は、平面周＞正面周＞側面周の順となり、後に到る

も同様で胴割米の発生はやや多かった。

（3）　20℃－80％における場合

　当初においては、平面周＞側面周＞正面周の順に小となり、次で平面周＞正面周＞側面周となり、後には正面周＞平面周＞側面周の順となり、胴割米の発生は軽微であった。

（4）　米粒の部分的膨張変形の比較

　急激な吸湿においては、当初胚芽部、腹部＞側面、背部＞両尖端部の順となり、後には胚芽部、腹部＞胚芽側尖端部＞側面、背部＞胚芽のない尖端部の順となった。

　比較的急激な吸湿においては、当初胚芽部、腹部＞側面、背部、両尖端部＞側面、背部の順となったが、曲面変化は複雑で、局部的な収縮もみられた。

　やや緩慢な吸湿においては、胚芽部、腹部の膨張が若干他の部分より大きいが、各部分の局部的変形は僅かな収縮又は膨張等微細な変形を示した。

2　玄米の乾燥に伴なう収縮と胴割発生との関係

（1）　60℃－30％における場合

　米粒三面周の収縮割合は、正面周＞平面周＞側面周の順となり、多数の胴割米を生じた。

（2）　40℃－40％における場合

　米粒三面周の収縮割合は、当初においては正面周＞平面周＞側面周の順となり、後には平面周＞正面周＞側面周の順となり、小数の胴割を生じた。

（3）　20℃－50％における場合

　米粒三面周の収縮割合は、平面周＞正面周＞側面周の順となり、胴割米の発生はなかった。

3　急激に吸湿又は乾燥しその膨縮割合が正面周＞平面周＞側面周の順に小となった時は殊更に米粒の横方向の膨縮が縦方向に比し集中的に大となるの

で表層部の膨縮に内部組織が追従出来ないため、多数の胴割米を生じたもの
と考えられる。

第五章　籾の乾燥に伴なう内蔵玄米の部位別水分分布変化と胴割との関係

　籾の乾燥に伴なう内蔵玄米の部位別水分分布変化と胴割との関係は、籾が乾燥される以前の内蔵玄米の水分分布の状態によって異なることが考えられるので次の各過程にあった籾が乾燥される場合について試験した結果を記述する。

1　乾燥過程にあった籾が乾燥される場合

2　吸湿過程にあった籾が乾燥される場合

3　乾燥後吸湿過程にあった籾が乾燥される場合

　なお、玄米の部位別水分分布の測定は澱粉胚乳部の表層部、中間部、中心部について実施した。

第一節　乾燥過程にあった籾が乾燥される場合

（1）　試料

含水率18.2％の昭和38年産近畿33号籾をシリカゲルを入れたデシケータ中（20℃）において2時間乾燥した後供試した。

籾含水率16.3％、玄米含水率16.5％、水分分布：表層部5.3、中間部5.6、中心部5.8、胴割歩合0％

（2）　試験方法

籾を胴割調査用に50粒、含水率測定用に10粒、及び水分分布測定用に5粒をそれぞれ5組別々にシャーレーにとり、電気恒温機により60℃－30％の条件下では0.5時間、1.0時間後に30℃－50％の条件下では0.5時間、1.0時間、3時間後にそれぞれ測定を行った。試験は昭和38年10月に実施した。

（3）　試験結果及び考察

1)　60℃－30％の場合

試験結果は第25表に示すとおり含水率低下が激しく、水分分布差は増大し多数の胴割米を生じたが、特に表層部の含水量が急激に低下し、中間部との差が増大したため表層部は急激に収縮しようとするが、中間部、中心部の収縮が伴わないため多数の胴割米を生じたものと考えられる。

2)　30℃－50％の場合

第25表に示すとおり0.5時間目には水分分布差は若干増加したが胴割米の発生はなく、1～3時間後には表層部と中間部において漸増し若干の胴割米を生じたが、乾燥速度及び水分分布差が比較的小であったため表層部の収縮も徐々となり、中間部、中心部の収縮も徐々に表層部に追従するため胴割米の発生が軽微であったものと考えられる。

第 25 表　乾燥過程にあった籾の乾燥における籾、玄米含水率、水分分布変化と胴割との関係（近畿 33 号）

測定時間	籾含水率 %	玄米含水率 %	澱粉胚乳部水分分布			水分計指示値	胴割歩合	乾燥温湿度条件
			表層部	中間部	中心部			
試　験　前	16.3	16.5	5.3	5.6	5.8	0.0	—
0.5時間目	13.8	14.2	4.1	4.8	5.3	12.0	60℃-30%
1.0　〃	12.2	12.4	2.5	3.4	3.9	48.0	〃
0.5時間目	15.2	15.4	4.7	5.1	5.4	0.0	30℃-50%
1.0　〃	14.8	15.0	4.1	4.7	5.2	0.0	〃
3.0　〃	12.7	12.6	2.8	3.5	3.9	12.0	〃

第二節　吸湿過程にあった籾が乾燥される場合

（1）　試料

　木箱中に常温保管された昭和 38 年産含水率 13.5％の名倉穂籾を 20℃－80％のデシケータ中に 6 時間放置後、40℃－90％のデシケータ中に 2 時間放置した後供試した。

　籾含水率 16.4％、同籾から得た玄米含水率 15.4％、澱粉胚乳部水分分布（水分計指示値）：表層部 6.3、中間部 5.6、中心部 5.2、胴割歩合 16.0％

（2）　試験方法

　胴割調査用に籾 50 粒をシャーレーに 3 組ずつとり別に含水率測定用に 10 粒を 3 組ずつ及び水分分布測定用に 5 粒を 3 組ずつシャーレーにとり 40℃－ 40％及び 30℃－ 50％の電気恒温機中に入れ、0.5、1.0、1.5 時間後に測定した。試験は昭和 38 年 11 月に実施した。

（3） 試験結果及び考察

1） 40℃－40%の場合

　試験結果は第26表に示すとおり0.5時間目には籾含水率の低下と共に水分分布の変化は、表層部のみ低下し、表層部と中間部の水分分布差は試験前より減少し胴割米の増加はなかった。

　1時間目においては、表層部、中間部の水分低下がみられ中心部の変化はなく胴割米の増加はなかった。

　1.5時間目においては、各部位共水分低下を示したが胴割米の増加はなかった。

2） 30℃－50%の場合

　第26表に示すとおり、0.5時間目から1.5時間目において籾含水率は徐々に低下を示したが、水分分布は表層部において6.3から5.4に、中間部は5.6から5.5に、中心部は変化なく胴割米の増加はなかった。

第26表　吸湿過程にある籾の乾燥における籾、玄米含水率、水分分布変化
　　　　と胴割との関係

測定時間	籾含水率 %	玄米含水率 %	澱粉胚乳部水分分布（水分計指示値）			胴割歩合 %	乾燥条件
			表層部	中間部	中心部		
試験前	16.4	15.4	6.3	5.6	5.2	(16.0)	－
0.5時間目	14.6	14.8	5.5	5.6	5.2	14.0	40℃-40%
1.0 〃	14.1	14.3	5.1	5.4	5.2	16.0	〃
1.5 〃	13.6	13.9	4.7	4.9	5.1	14.0	〃
0.5時間目	16.2	15.4	5.9	5.6	5.2	16.0	30℃-50%
1.0 〃	15.9	15.2	5.6	5.6	5.2	12.0	〃
1.5 〃	15.7	14.9	5.4	5.5	5.2	16.0	〃

　以上の結果より吸湿過程にあった籾が上記乾燥条件で 0.5 ～ 1.5 時間乾燥された場合においては、表層部の水分低下が著しく、次で中間部の水分低下が多く、中心部の水分低下は極めて僅かしか変化がなく、各部位の水分分布差は試験前より少なくなったため、部分的収縮差による胴割米の発生がなかったものと考えられる。

第三節　乾燥後吸湿過程にあった籾が乾燥される場合

（1）　試料

　昭和 38 年産名倉穂籾（含水率 16.6 ％）及びホウネンワセ籾（含水率 16.9 ％）をシリカゲルを入れたデシケータ中（20℃）で 5 時間乾燥した後（名倉穂籾含水率 12.9 ％、ホウネンワセ籾含水率 13.0 ％）、両籾を 20℃－ 80 ％のデシケータ中に入れ 3 時間後に取り出し供試籾とした。

　名倉穂籾含水率 14.2 ％、同玄米含水率 13.8 ％、澱粉胚乳部水分分布：表層部 5.3、中間部 4.9、中心部 4.9、胴割歩合 0 ％

　ホウネンワセ籾含水率 14.5 ％、同玄米含水率 14.0 ％、澱粉胚乳部水分分布：表層部 5.5、中間部 5.1、中心部 5.0、胴割歩合 0 ％

（2）　試験方法

　胴割調査用に籾 1.50 粒を 2 組ずつシャーレーにとり、別に含水率測定用に 10 粒を 2 組ずつ及び水分分布測定用に 5 粒を 2 組ずつシャーレーにとり、40℃－ 40 ％、30℃－ 50 ％の 2 区の乾燥条件の空気中に入れ、試験開始後 0.5、1.0 時間後に測定し、昭和 38 年 11 月に実施した。

（3）　試験結果及び考察

1）　40℃－ 40 ％の場合

　第 27、28 表のとおり試験開始後 0.5 時間目においては、籾含水率の低下と共に水分分布は試験前に比して表層部と中間部との差が減少

第27表 乾燥後吸湿過程にあった籾が乾燥される時の籾、玄米含水率、水
　　　　分分布変化と胴割の関係　　　　　　　　　　　　　　　（名倉穂）

| 測定時間 | 籾含水率 % | 玄米含水率 % | 澱粉胚乳部水分分布（水分計指示値） | | | 胴割歩合 % | 乾燥条件 |
			表層部	中間部	中心部		
試　験　前	14.2	13.8	5.3	4.9	4.9	0	－
0.5時間目	13.2	13.3	4.6	4.8	4.9	0	40℃-40%
1.0　〃	12.2	12.4	3.7	4.4	4.7	12.0	〃
0.5時間目	13.6	13.6	5.1	4.9	4.9	0	30℃-50%
1.0　〃	13.1	13.3	4.6	4.8	4.9	0	〃

第28表 乾燥後吸湿過程にあった籾が乾燥される時の籾、玄米含水率、水
　　　　分分布変化と胴割の関係　　　　　　　　　　　　（ホウネンワセ）

| 測定時間 | 籾含水率 % | 玄米含水率 % | 澱粉胚乳部水分分布（水分計指示値） | | | 胴割歩合 % | 乾燥条件 |
			表層部	中間部	中心部		
試　験　前	14.5	14.0	5.5	5.1	5.0	0	－
0.5時間目	13.3	13.4	4.6	4.8	4.9	0	40℃-40%
1.0　〃	12.1	12.3	3.6	4.2	4.6	8.0	〃
0.5時間目	13.7	13.8	5.2	5.1	5.0	0	30℃-50%
1.0　〃	12.9	13.2	4.4	4.8	4.9	0	〃

し、中間部と中心部との差は僅かな減少又は変化なく、胴割米の発生はなかった。

　１時間目においては、水分分布差は両種籾共、表層部と中間部との差が増大（水分分布差：名倉穂＞ホウネンワセ）し、胴割米の発生をみた（名倉穂12.0％、ホウネンワセ8.0％）

２）　30℃－50％の場合

　第27、28表のとおり両種籾共徐々に含水率を低下し、試験開始後１時間目における水分分布は表層部と中間部との差は試験前に比べ減少し、胴割米の発生はなかった。

　以上の試験結果より42℃－40％において乾燥される時は、表層部と中間部の水分分布差が一時減少するが、その後次第に増大し、表層部と中間部の収縮差が増大するため１時間目において胴割米が発生したものと考えられ、30℃－50％においては１時間目における表層部と中間部の水分分布差は試験前より減少し、部分的収縮差の増大がなかったため胴割米の発生がなかったものと考えられる。なお、胴割歩合が籾の種類により異なるのは、籾内蔵玄米の密度差（名倉穂玄米密度 1.63g/cm³、ホウネンワセ玄米密度 1.58g/cm³）による水分の米粒内拡散速度差により水分分布に差が出来、米粒の部分的収縮差が出来るためと考えられる。

第四節　要約

　籾の乾燥に伴なう内蔵玄米の水分分布変化と胴割との関係を要約すれば次のとおりである。

１　乾燥過程にあった籾が乾燥される場合

　60℃－40％においては、澱粉胚乳部の部位別水分分布差が増大し多数の胴割米が発生したが、30℃－50％においては、水分分布差は徐々に増加す

るが胴割米の発生は軽微であった。

2　吸湿過程にあった籾が乾燥される場合

　40℃－40％においては、試験開始後 1.5 時間目には水分分布差が試験前より減少し胴割米の発生はなかった。30℃－50％に於いても同様な傾向を示し、胴割米の発生はなかった。

3　乾燥後吸湿過程にあった籾が乾燥される場合

　40℃－40％においては、当初には水分分布差が試験前より減少し胴割米の発生はないが、1.0 時間後には水分分布差が増大し、10％前後の胴割米の発生をみた。なお、名倉穂がホウネンワセより水分分布差及び胴割歩合が大であったが、その原因は両種玄米の密度差により水分の米粒内拡散速度が異なるためと考えられる。30℃－50％においては試験開始後 1.0 時間目には水分分布差が試験前より減少し、胴割米の発生はなかった。

4　以上の各乾燥過程における水分分布差と胴割米発生との関係は、被乾燥籾の含水率、水分分布及び乾燥空気条件の相違により、胴割米発生歩合が異なるが、乾燥により澱粉胚乳部表層部、中間部、中心部の水分分布差が増大する時は、各部位の収縮差が増大するため胴割米を生ずるものと考えられる。

第六章　籾の吸湿に伴なう内蔵玄米の水分分布変化と胴割との関係

　籾が外囲の条件により吸湿する場合に、それ以前における含水率、部位別水分分布の相違により、胴割米の発生が異なることが考えられるので、次の各過程における籾、玄米の含水率及び澱粉胚乳部表層部、中間部、中心部の水分分布の変化と胴割米発生との関係について試験した結果を記述する。

1　吸湿過程にあった籾が吸湿される場合

2　乾燥過程にあった籾が吸湿される場合

3　吸湿後乾燥過程にあった籾が吸湿される場合

第一節　吸湿過程にあった籾が吸湿される場合

（1）　試料

　木箱中に常温保管された含水率 13.5 ％の昭和 38 年産近畿 33 号籾を 20℃ － 80 ％のデシケータ中に 3 時間放置後供試した。

籾含水率 14.3%、玄米含水率 14.0%、澱粉胚乳部水分分布：表層部 4.8 中間部 4.6、中心部 4.5、胴割歩合 0%

（2） 試験方法

　胴割調査用に供試籾 50 粒をシャーレーに 3 組ずつとり別に含水率測定用に 10 粒を 3 組ずつ及び水分分布測定用に 5 粒を 3 組ずつ別々にシャーレーにとり、40℃－90%、20℃－80%の空気条件のデシケータ中に前記試料を入れ、1 時間目、2 時間目、3 時間目にそれぞれ測定し、試験は昭和 38 年 11 月に実施した。

（3） 試験結果及び考察

1） 40℃－90%における場合

　第 29 表に示すとおり、籾含水率の増加と共に特に表層部の水分増加が大きく、中間部との差が増大し、胴割米の発生が漸増し 3 時間目には 16.0% になった。

第 29 表　吸湿過程にある籾の吸湿における籾、玄米含水率、水分分布変化
　　　　　と胴割との関係

測定時間	籾含水率 %	玄米含水率 %	澱粉胚乳部水分分布（水分計指示値）			胴割歩合 %	吸湿温湿度
			表層部	中間部	中心部		
試 験 前	14.3	14.0	4.8	4.6	4.5	0	－
1 時間目	15.7	14.9	5.3	4.9	4.7	4.0	40℃～90%
2 〃	16.2	15.3	6.0	5.4	5.1	8.0	〃
3 〃	16.5	15.6	6.2	5.6	5.3	16.0	〃
1 時間目	14.6	14.4	5.0	4.7	4.5	0	20℃－80%
2 〃	14.7	14.6	5.2	4.9	4.6	0	〃
3 〃	14.8	14.7	5.4	5.0	4.8	0	〃

2)　20℃－80％における場合

第29表に示すとおり、試験後1.0～3.0時間目において籾含水率は徐々に増加し、部位別水分分布差も徐々に増加したが、胴割米の発生はなかった。

以上の試験結果より吸湿過程にあった籾が、急激に吸湿する時は、含水率の増加と共に表層部と中間部との水分分布差が増大し、表層部の膨張に中間部、中心部が追従出来ないために胴割米を生じたものと考えられる。又比較的緩慢な吸湿においては、水分分布差の増加も僅かに止まったため、部分的膨張差にある胴割米の発生がなかったものと考えられる。

第二節　乾燥過程にあった籾が吸湿される場合

（1）　試料

含水率17.8％の昭和38年産うこん錦籾をシリカゲルを入れたデシケータ中で6時間乾燥（20℃）した後供試した。

籾含水率13.4％、玄米含水率13.6％、澱粉胚乳部水分分布：表層部4.5、中間部4.7、中心部4.9、胴割歩合0％

（2）　試験方法

胴割調査用に籾50粒をシャーレーに2組ずつとり、含水率測定用に10粒及び水分分布測定用に5粒をそれぞれ2組ずつシャーレーにとり、40℃－90％及び20℃－80％のデシケータ中に入れ、0.5時間後、1.0時間後に測定し試験は昭和38年11月に実施した。

（3）　試験結果及び考察

1)　40℃－90％における場合

第30表に示すとおり試験開始後0.5時間目には、含水率の増加と共に表層部の含水量が急激に増加し8.0％の胴割米を生じた。1時間目には水分分布差が特に表層部と中間部において増大し32.0％の胴割米を生じた。

第 30 表　乾燥過程にあった籾の吸湿における籾、玄米含水率、水分分布変化と胴割との関係

測定時間	籾含水率 %	玄米含水率 %	澱粉胚乳部水分分布 (水分計指示値)			胴割歩合 %	吸湿温湿度
			表層部	中間部	中心部		
試　験　前	13.4	13.6	4.5	4.7	4.9	0	―
0.5 時間目	14.7	14.0	5.3	4.8	4.9	8.0	40℃－90％
1.0　〃	15.8	14.8	6.3	5.4	5.0	32.0	〃
0.5 時間目	14.1	13.7	5.1	4.8	4.9	0	20℃－80％
1.0　〃	14.4	13.8	5.5	5.0	4.9	6.0	〃

2)　20℃－80％における場合

　第 30 表に示すとおり試験開始後 0.5 ～ 1.0 時間目において含水率の漸増と共に各部位の水分分布差は増加したが、胴割米の発生は 6.0％に止まった。

　以上の試験結果よりすれば、乾燥過程にあった籾が急激に吸湿する時は、表層部の含水量は急激に上昇し、中間部との水分分布差が増大するため、表層部と中間部乃至中心部との膨張の差が増大するため多数の胴割米を生じたものと考えられる。又比較的緩慢な吸湿に於いては、経時的に表層部の含水量が徐々に多くなり、水分分布差が中間部との間に増加するため軽微な胴割米の発生に止まったものと考えられる。

第三節　吸湿後乾燥過程にあった籾が吸湿される場合

(1)　試料

　昭和 38 年産名倉穂籾（含水率 13.6％）を 20℃－80％のデシケータ中に 5 時間放置後（含水率 14.8％）、40℃－90％のデシケータ中に 2 時間放置

した後（含水率 16.3％）30℃－50％のデシケータ中において 2 時間乾燥
後取出し供試籾とした。

　籾含水率 14.6％、同玄米含水率 14.8％、澱粉胚乳部水分分布：表層部 5.3、
中間部 5.6、中心部 5.3、胴割歩合 12.0％

（2）　試験方法

　胴割調査用に籾 50 粒を 2 組シャーレーにとり別に含水率測定用に 10 粒
及び水分分布測定用に 5 粒を 2 組ずつシャーレーにとり、40℃－90％及び
20℃－80％のデシケータ中に入れ、1 時間後及び 2 時間後に測定し、昭和
38 年 11 月に実施した。

（3）　試験結果及び考察

1）　40℃－90％における場合

　第 31 表に示すとおり、試験開始後 1.0 時間目においては表層部と中間部
との水分分布差が増大し若干の胴割米の発生をみた。2 時間目においては、
表層部と中間部の含水量の差は更に増大し、中間部と中心部においても増大
し多数の胴割米発生をみた。

第 31 表　吸湿後乾燥過程にあった籾が吸湿する場合の籾、玄米含水率水分
　　　　分布変化と胴割との関係

測定時間	籾含水率 %	玄米含水率 %	澱粉胚乳部水分分布（水分計指示値）			胴割歩合 %	吸湿温湿度
			表層部	中間部	中心部		
試　験　前	14.6	14.8	5.2	5.6	5.3	（12.0）	－
1 時間目	16.3	15.5	6.2	5.7	5.3	18.0	40℃－90％
2　〃	17.0	16.2	6.5	5.9	5.4	34.0	〃
1 時間目	15.0	14.9	5.8	5.6	5.3	10.0	20℃－80％
2　〃	16.0	15.1	6.1	5.7	5.4	12.0	〃

2) 20℃－80％における場合

第31表に示すとおり、試験開始後1.0～2.0時間目には含水率の僅かな増加と共に部位別含水量の差は、表層部と中間部、中間部と中心部との間において僅かに増加したが、胴割米の発生はなかった。

以上の試験結果より、吸湿後乾燥過程にあった籾が急激に吸湿する時は、含水率の増加と共に表層部の含水量が急激に大となり中間部との差が増大するため、米粒の部位別膨張差が大となり多数の胴割米を生じたが、徐々に吸湿される場合には、水分分布差が少ないため胴割米の発生がなかったものと考えられる。

第四節　要約

籾の吸湿に伴なう内蔵玄米の水分分布変化と胴割との関係を要約すれば次のとおりである。

1) 吸湿過程にあった籾、乾燥過程にあった籾、吸湿後乾燥過程にあった籾が、急激に吸湿する時は、表層部の急激な含水量増加により中間部乃至中心部との間に水分分布差が増大し胴割米が発生したが、比較的緩慢な吸湿においては、表層部の含水量は徐々に増加し、中間部乃至中心部との間の水分分布差は漸増するが、胴割米の発生はなかった。

2) 上記各吸湿過程における部位別水分分布差と胴割米発生との関係は、試料籾の含水率、水分分布、外囲空気条件の相違により胴割米発生歩合が異なるが、吸湿により澱粉胚乳部の部位別水分分布差が増大する時は、各部位の膨張差が増大するため胴割米を生じたものと考えられる。

第七章　胴割米の発生機構

第一節　胴割米の成因

　岡村氏は胴割米の成因は吸湿による米粒の三径の不均等な膨張によるとし、短時間に多量に吸湿した場合には膨張率が巾＞厚＞長の順となり胴割歩合が最大となる事を指摘している。

　本研究に於いては米粒の膨張、収縮と胴割との関係に於ては、米粒の三面周を比較し、胴割歩合最大の場合の三面周の収縮率又は膨張率は共に正面周＞平面周＞側面周の順となり、その原因は主として米粒の部分によって膨張、収縮が異なる為とし、特に胚芽部、腹部の変形による影響が大である事を知り得た。即ち正面周の膨縮変化は横方向の膨縮変化を意味するので、横方向の膨縮変化最大の時胴割歩合が最大となり、吸湿に関しては岡村氏の場合と同様の結果を示すが、その場合どうして割れるかについて岡村氏［13］によれば、胴割目の問題と併せ考察し、仮に米を長さ 5mm、巾 3mm、厚さ

2mm の内容均一のものと考える時には、或る若干量の水が米の両側面の中央の一点に与えられ、その水が毎秒 1mm の速度で浸潤するとすれば、縦に対しては 2.5 秒、巾に対しては 1.5 秒、厚さに対しては 1.0 秒を要し、巾及び厚さに向かっては縦よりも遙かに速かに浸潤することになる。従って巾及び厚さの膨張は長さの膨張よりも速かとなるが、急激な吸湿は特殊の働作と考えられるので、その働作に対する感度は水の浸潤が最も緩徐なる縦が最小にして、次が巾、厚さとなるため、その働作は感度の強い巾、厚さの方向に加えられた事となり横に割目を生ずるに至るのであろうとしている。

　実際問題として籾、玄米が吸湿する場合は或る一定空気条件の下で吸湿されるから、米粒の吸湿は前記の様に内容均一のものとする時は、全表面より均一に浸潤することになり、米粒の縦、横への浸潤時間はその形状に支配されるところが大きく、両尖端部の如く表面から米粒横断中心部までの距離の短い部分が最も浸潤時間は短いことになり、米粒の中央最太部は最も浸潤が遅れることになろう。しかし米粒の内容は均一ではなく部分的に硬さが異なるため、水分の米粒内移動は米粒の部分により水分の拡散速度の差により較差を生ずるものと考えられる。即ち急激な吸湿に於いて米粒の巾又は正面周の膨張率が最大となった理由は、米粒の腹部の膨張が大きい事による処が大きいが、その場合胴割歩合が最大となった事について米粒の部位別水分分布変化と胴割との関係を調べると急激な吸湿又は乾燥に於ては澱粉胚乳表層部の水分は急激に変化し中間部、中心部の水分との較差が増大する事を知り得た。

　本研究と岡村氏の場合とに共通して言い得る事は、急激な乾燥又は吸湿に於いて、米粒が収縮又は膨張する場合には、米粒内部組織が表層部の収縮又は膨張に追従出来ないために胴割米を多数生ずるものと考えられる事であるが、収縮又は膨張の差が米粒の部位別組織に生じた場合に於いても、必ずし

も割れるとは限らない。即ち割れる場合は米粒の組織の一部が破壊される事であり、米粒組織に物理的な力が作用した事を意味し、その力が組織を形成する細胞の結合力を上廻る場合に組織が破壊されて割れる事が考えられる。

乾燥収縮に於いては澱粉胚乳部の表層部は水分低下と共に収縮するため、表層部附近に引張応力が生じ、吸湿膨張に於いては、表層部は水分が増加し膨張するため中間部附近に引張応力が生じ前記の理由により胴割を生ずるものと考えられる。

前出の二瓶氏等は、品種によって胴割歩合に差のある事を報告しているが、その原因は主として米粒の剛性の相違及び前出のように米粒の密度差により水分の米粒内拡散速度が異なるため、部位別水分分布に相違が出来、発生引張応力にも差が出来るためと考えられる。

第二節　米粒の形状及び内部構造と胴割目との関係

岡村氏は前出のとおり、急激な吸湿を特殊働作と看做し、働作に対する感度は米粒の横方向が大きいため横方向に割目を生ずるのであろうとしている。

米粒の形状を観察すると、不完全な紡錘形状をなしているが、前出の様に米粒表層部或いは中間部附近に引張応力が発生した場合に、縦、横いずれの方向が引張応力が大きいかが問題となる。

米粒の一定部層に引張応力が発生した時を考える場合には、同部層に内圧が掛かった場合と同様に考える事が出来るが、今或る一定の厚さの層をもち、内圧の掛かった卵形状の同一材質で作られた物体に於いて、同層に発生する引張応力の方向による大さを比較する時は第24図［14］及び同図に於ける（1）、（2）式のとおりである。同図、式によればx軸方向の引張応力がy軸方向より大となり、米粒に於いても同式に準ずるものとすれば、亀裂は縦方

向に発生するはずであるが実際には胴割の名の如く横方向に発生した時、注目に値する。

　米粒の横断面、縦断面を顕微鏡で観察する時は写真8のように横断面は、構成細胞が中心部より放射状に配列しているが、縦断面に於ては写真9のように細胞配列はやや不規則になっており、両者を比較する時は相対的に横方向に割れやすい細胞配列と考えられる。

　前述のとおり形状的には縦方向に亀裂が発生するはずであるが、内部組織

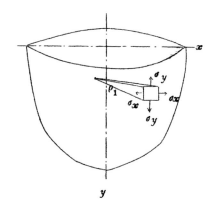

$$\begin{cases} \sigma_x = y\text{ 軸を含む断面における引張応力} \\ \sigma_y = y\text{ 軸に直角な断面における引張応力} \\ p = \text{内 圧} \qquad t = \text{胴板の厚さ} \\ \rho_1 = y\text{ 軸を含む断面における胴板の曲率半径} \\ \rho_2 = y\text{ 軸に直角な断面における胴板の曲率半径} \end{cases}$$

$$\sigma_x = \frac{p\rho_2}{t}\left(1 - \frac{\rho_2}{2\rho_1}\right) \quad \cdots\cdots (1)$$

$$\sigma_y = \frac{p\rho_2}{2t} \quad \cdots\cdots\cdots\cdots (2)$$

第24図

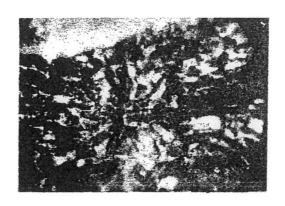

写真 8　玄米横断面

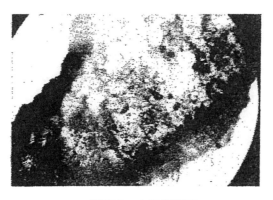

写真 9　玄米縦断面

の細胞配列は横方向に割れやすい構造になっているため、横方向の引張応力には耐え得ても縦方向の引張応力には耐え得ず亀裂が発生する、つまり横方向に亀裂が発生する方向性があると言い得よう。

第三節　亀甲状亀裂と胴割との関係

岡村氏［15］によれば、一旦横に割目を生じた米粒の各片は、断面より容易に湿分を吸収し、且つ米粒の長さは短小となるので、膨張速度及び感度

大となり縦に向かって割目を生ずるに至るとしている。

　米粒の胴割が進み一粒に数個所胴割が発生した後、亀甲状に割れる現象は、胴割目と胴割目の間の米粒微小ブロックの状態を内圧の掛かった円筒と看做す時は第25図［16］、同図（3）、（4）式に示すように接線応力の方が軸方向の応力より大であり、この場合内部構成細胞配列の差は微小ブロックであるため殆んど影響しないものと考えられるので、横方向の引張応力の方が縦

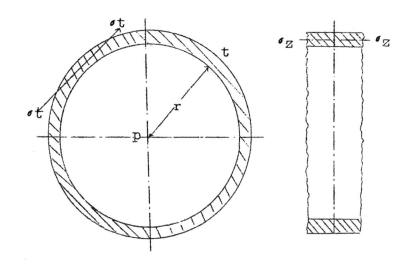

r ＝円筒半径

t ＝壁の厚さ

p ＝内　圧

$\sigma t = pr / t$　‥‥‥ (3)

$\sigma_Z = \frac{1}{2} pr / t$　‥‥‥ (4)

第25図

74

方向の引張応力より大きい事と、既に発生した胴割目の亀裂が進み胴割目の一部から吸、放湿が行なわれるため、縦方向の亀裂が促進されて亀甲状に割れるものと考えられる。

第四節　胴割米の発生機構

胴割米の発生機構は前述の諸点より次の様に言い得よう。

空気条件の変化により籾、玄米が、急激に乾燥又は吸湿される場合には、米粒の部位別水分分布の較差が増大するため、米粒の部位別収縮又は膨張差を生ずる結果発生する引張応力が、応力発生部分の組織を形成する細胞結合力を上廻る場合に胴割が発生する。

横方向に亀裂が発生するのは、米粒構成細胞配列が横方向に割れやすい、即ち横方向に割れる方向性があるからである。

亀甲状亀裂は、胴割目と胴割目の間の微小ブロックに生ずる引張応力は軸方向より接線方向が大であること、及び既成胴割目に於ける吸、放湿に起因し発生する引張応力等による二次的亀裂の発生と言い得よう。

第五節　要約

1　籾、玄米の胴割は籾、玄米が置かれた空気条件の変化により、籾、玄米自身の乾燥又は吸湿により、急激な米粒の部位別に水分分布差が出来るため部分的収縮又は膨張が起こる結果生ずる引張応力が、その部分の細胞結合力を上廻る場合に発生する。

2　米粒の形状を卵形と看做す時は、発生引張応力は同一材質の場合は縦方向よりも横方向が大きいが、内部構成細胞配列は中心部より横方向に放射状に配列しており、縦方向はやや不規則な配列となっているため、相対的に横方向に割れやすい構造となっている。つまり横方向に割れる方向性が

ある。即ち米粒の形状よりすれば、縦方向に割れる可能性が横方向に比較して大きいが、横方向に割れる方向性があるため横方向に胴割する。

3　胴割が進み亀甲状に割れる現象は、胴割目と胴割目の間の微小ブロックに発生する引張応力は軸方向より接線方向が大きい事及び既成胴割目に於ける吸、放湿に起因する二次的亀裂の発生である。

4　同一空気条件に於いて、品種により胴割発生歩合に較差があるのは、主として米粒の密度の相違により米粒内部に於ける水分拡散速度差により、部位別水分分布に差が出来るため、発生引張応力にも差が出来るためである。

第八章　定置式及び移動式加熱通気乾燥による籾の乾燥特性

第一節　定置式乾燥における場合

　定置式乾燥においては籾の堆積部位によって含水率の変化が異なり、最初に通気にふれる層の籾の乾燥が早く、堆積中間乃至排気層の籾は一旦吸湿してから乾燥に入るが、一定通気条件における籾の堆積部位別含水率、水分分布及び通気温度の変化と胴割との関係を調べるために次の試験を実施した。

（1）　試料

　昭和 38 年産近畿 33 号（収穫後架干 2 日）を供試した。籾含水率 18.2％、胚乳部水分分布：表層部 7.5、中間部 7.7、中心部 7.8、胴割歩合 0％ 供試籾重量 0.68kg

（2）　試験方法

　第 26 図に示すボール紙管（厚さ 3mm、内径 50mm、長さ 550mm）を用い、同管下端に 20 メッシュの金網をはり上端より 50mm 下部（A）、上

端より 270mm 下部（B）、下端より 20mm 上部（C）にそれぞれ縦 10mm ×横 20mm の試料取出口を作り、それに温度計を挿入の上、試験中は取出口より空気もれのないようにビニールテープで密閉し、試験前に送風ファン吸気ダンパー及び電熱を加減して温度調節を行ない、通気条件は 30℃－44％及び 40℃－37％の 2 区について通気量はともに 0.52m³/M とし、上部より下部に通気した場合における籾の堆積部位（A．B．C）による含水率、玄米の部位別水分分布、通気湿度、胴割について試験開始 1.0 時間、1.5 時間後に調べた。試料の取出しは各取出口のビニールテープをはがし約 100 粒を取り出し、胴割調査は 50 粒、含水率、水分分布は 10 粒につき調査した。試験は昭和 38 年 11 月に実施した。

（3） 試験結果及び考察

試験結果は第 32 表、第 27．28 図に示すとおりである。

1 籾含水率

1) 試験開始 1 時間後においては A．B 層共、1 区＞ 2 区となり、C 層は 1 区＜ 2 区となった。

1.5 時間後においては、A．B．C 層共に 1 区＞ 2 区となった。

2 胚乳部水分分布

表層部と中心部の水分分布差を両区につき比較すれば、1 時間後には各層共に 1 区＜ 2 区であったが、C 層は共に吸湿過程となった。

1.5 時間後には各層共、1 区＜ 2 区となったが、C 層は 1．2 区共に乾燥過程に移った。

3 通気温度

A 層は両区共に通気温度の変化はないが、B．C 層は次のとおり変化（通気温度との差）を示した。

1 時間後における B 層は 1 区（3℃）＜ 2 区（3.5℃）となったが 1.5 時

間後には1．2区共に通気温度と等しくなった。C層においては、1時間後に1区（6.0℃）＜2区（8.0℃）、1.5時間後に1区（3.5℃）＞2区（2.0℃）となった。

4　胴割

1.5時間後にA層において4.0％の胴割を生じたが、その他は各区各層共に胴割は生じなかった。

以上の結果より、2区は1区より乾燥条件が激しいため、A．B層の籾含水率低下が1区より大となり一定時間におけるA．B層よりの排出水蒸気量が1区より大であるため、1時間後のC層籾含水率は1区より大となったが、1.5時間後にはC層籾の乾燥速度が1区より大であるため1区より若干籾含

第32表　定置式乾燥における堆積部位別籾含水率、水分分布と胴割との関係　近畿33号

試験区 区分	堆積層 区分	測定時間	籾含水率 （％）	胚乳部水分分布			胴割歩合 （％）
				表層部	中間部	中心部	
1 区	A	試験前	18.2	7.5	7.7	7.8	0.0
		1時間後	16.1	6.5	6.8	7.0	0.0
		1.5　〃	15.5	5.4	5.8	6.2	0.0
	B	1時間後	17.8	7.3	7.6	7.8	0.0
		1.5　〃	17.4	7.0	7.4	7.7	0.0
	C	1時間後	18.4	7.9	7.8	7.8	0.0
		1.5　〃	18.1	7.4	7.7	7.8	0.0
2 区	A	1時間後	15.8	5.5	5.9	6.3	0.0
		1.5　〃	15.0	4.7	5.4	5.7	4.0
	B	1時間後	17.6	7.1	7.5	7.8	0.0
		1.5　〃	17.2	6.8	7.2	7.6	0.0
	C	1時間後	18.6	8.2	7.8	7.8	0.0
		1.5　〃	18.0	7.3	7.6	7.8	0.0

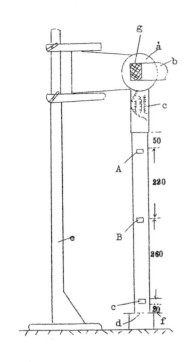

50
220
260
20

A．B．C　試料取出口
a．フアン　　b　ダンパー
注 { c．ニクロム線　d　金あみ
e　支持台　f　パイプ台
g．吸気口

第26図

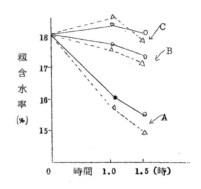

籾
含
水
率
（%）

時間　1.0　1.5（時）

注 {
○—○　　30℃−44%（1区）
△----△　　40℃−37%（2区）
A．B．Cは堆積部位

第27図　定置式における堆積部位

と籾含水率との関係

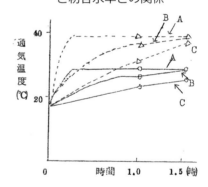

通
気
温
度
（℃）

時間　1.0　1.5（時）

注 {
○—○　　30℃−44%（1区）
△----△　　40℃−37%（2区）
A：最初通気にふれる層
C：排気層
B：A．C層の中央部層

第28図　定置式における堆積部位

別通気湿度

水率が低い結果となったものと考えられる。

　玄米の部位別水分分布差は2区は1区より含水率の変化が大であるため、水分分布差も大となったものと考えられ、2区A層において1.5時間後には水分分布差が特に増大したため、若干の胴割を生じたものと考えられる。

　両区の堆積部位別における通気温度との較差は、2区では乾燥当初のA乃至C層の温度差が1区より大であるため、穀温上昇に要する熱及び蒸発潜熱は1区より大となるため2区＞1区となったものと考えられ、1.5時間後には2区は1区より通気温度が高く関係温度が低いため、2区C層籾の乾燥は1区C層籾より促進されるので1区は2区よりA乃至C層の温度差が大となったものと考えられる。

　籾の堆積厚さが大なる程、乾燥速度が大なる程、乾燥初期においては通気に最初にふれる層の籾と排気層の籾との含水率の較差が増大するため、最初に通気にふれる層の籾の乾燥胴割れ、排気層附近における籾の吸湿胴割れの懸念が大となるので、籾堆積厚さを大とする時は緩慢な乾燥条件とせねばならない。

第二節　移動式乾燥における場合

　乾燥過程中において籾が常に移動し通気にふれる場合は、比較的高温においても乾燥むらのない能率乾燥が可能と考えられるので、実験用小型回転乾燥機をつくり次の試験を行なった。試験は昭和37年10月に実施した。

（1）　試料

　昭和37年産近畿33号籾（収穫後架干2日）を用いた。籾含水率17.7%、玄米水分分布：表層部7.7、中間部6.5、中心部6.9、胴割歩合0%、供試籾重量0.84kg

(2) 試験方法

使用乾燥機は次の構造によるものとした。第29・30図、写真10・11に示すように厚さ5mm、縦・横140mm、長さ310mm（何れも内径）の木箱を用い、同木箱b. c. e. fの四面ともに蝶つがいで開閉可能とし、（b面はf面に、c面はb面に、e面はc面に、f面はc面にそれぞれ接する辺を軸とし開閉する）同四面ともに蝶つがいのない側の辺から30mm両端(a. d面)より30mm及び142.5mmの位置に20メッシュ金網をはった排気口（25mm×25mm）を3個ずつ設け、同木箱内部を20メッシュ金網で対角線状に四室（四室容積5,900cm³）に仕切り、a面中央部に通気口（径24mm）を設け通気口よりd面に亘り縦、横25mmの20メッシュ金網よりなる通気導入部を径3mmの針金で装着し、乾燥木箱を回転可能とするために通気導入部中央部及びa. d面を貫通する径6mmの鉄製シャフトを支持台に装着した回転乾燥機を用いた。

四室に区切られた各室に0.21kg（容積540cm³）づつ籾を入れ、通気は回転乾燥機通気孔に送気管（外径23mm）を挿入し、通気温度、通気量は試験前に送風ファンダンパー、電熱を調整し、60℃－39%（温度測定は送気管端部）、通気量0.13m³/m、回転数5/Mとし、試験開始1時間、1.5時間後に各室共に室中央部で試料をとり含水率及び胴割を調べた。又A室のみについては、通気口附近（Ⅰ）、d面に接する附近（Ⅲ）、両者の中央部（Ⅱ）において試料を取り出し、含水率、玄米の水分分布、胴割歩合を調べた。各試料は100粒程度取り出し、胴割は50粒、含水率、水分分布は10粒につき調査した。

(3) 試験結果及び考察

第33表に示すとおりであるが、試験開始1時間後における4室中央部の籾含水率は15.3%乃至15.5%となり、1.5時間後には14.5%乃至14.6%と

82

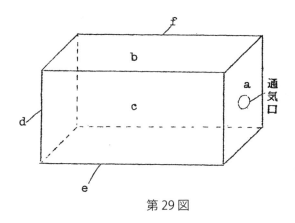

第 29 図

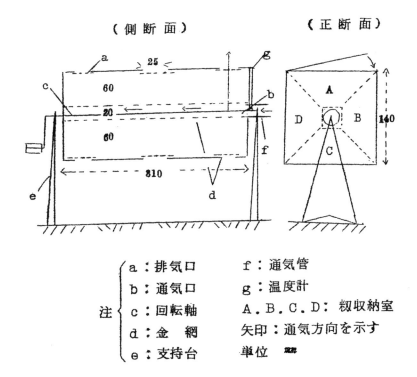

（側断面）　　　　　　　（正断面）

注 {
a：排気口　　　f：通気管
b：通気口　　　g：温度計
c：回転軸　　　A．B．C．D：籾収納室
d：金　網　　　矢印：通気方向を示す
e：支持台　　　単位　㎜
}

第 30 図　回転乾燥機断面図

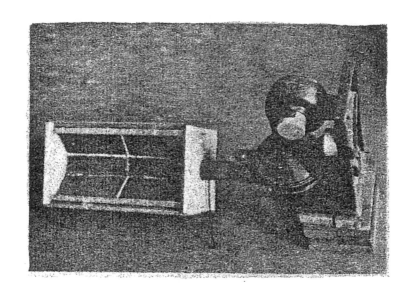

写真 10 　（b 面をはずした処を示す）

写真 11 　（b 面をはずし A 室に籾を入れた処を示す）

なり、胴割は生じなかった。1室（A）の長さ方向におけるⅠ．Ⅱ．Ⅲ部位の籾含水率は試験開始 1.0 時間後乃至 1.5 時間後においてⅢ＜Ⅱ＜Ⅰの順に大となり 14.4％乃至 14.7％となった。玄米の中心部と表層部の水分分布差はⅢにおいては 0.8、Ⅱ．Ⅰは 0.7 となり胴割は生じなかった。

　以上の結果より機内 4 室の籾含水率低下はほぼ同様であったが、長さ方向のⅠ．Ⅱ．Ⅲ部位の籾を比較する時は若干の乾燥むらを生じたことは、機内中央部に入った通気が側面（d面）にあたり、次で 4 室内に浸入するためⅢ部位の籾の乾燥速度が比較的早く、次でⅡ．Ⅰ部の籾の順になり、従って各部位の籾内蔵玄米の水分分布差に較差を生じたものと考えられる。又比較

第 33 表　回転乾燥機による機内部位別籾含水率、水分分布と胴割との関係
　　　　（近畿 33 号）

乾燥室区分	籾部位区分	測定時間	籾含水率（％）	胚乳部水分分布			胴割歩合（％）
				表層部	中間部	中心部	
A	Ⅰ	試験前	17.7	7.2	6.7	6.9	0.0
		1 時間後	15.5	6.0	6.3	6.5	0.0
		1.5 〃	14.7	5.2	5.6	5.9	0.0
	Ⅱ	1 時間後	15.4	6.0	6.2	6.5	0.0
		1.5 〃	14.6	5.1	5.5	5.8	0.0
	Ⅲ	1 時間後	15.3	5.5	5.9	6.2	0.0
		1.5 〃	14.4	5.0	5.4	5.8	0.0
B	Ⅱ	1 時間後	15.4	—	—	—	0.0
		1.5 〃	14.5	—	—	—	0.0
C	Ⅱ	1 時間後	15.3	—	—	—	0.0
		1.5 〃	14.5	—	—	—	0.0
D	Ⅱ	1 時間後	15.5	—	—	—	0.0
		1.5 〃	14.6	—	—	—	0.0

的高温乾燥にかかわらず胴割を生じなかったが、籾が常に移動し、通気は抵抗の少ないところを通るので遂次通気層が変るため、籾は間歇的に通気にふれ短時間ずつ間歇的乾燥が繰返されるため、玄米の部位別水分分布差は極端に増大しなかったため、胴割を生じなかったものと考えられる。

第三節　要約

本章における試験結果を要約すれば次のとおりである。

1　定置式加熱通気乾燥においては、籾の堆積厚さ、乾燥速度が大である程、乾燥初期における乾燥むらが大となり、最初に通気にふれる層の乾燥胴割、排気層の吸湿胴割の懸念が大となる。従って籾の堆積厚さを大とする時は緩慢な乾燥条件とすべきである。

2　回転式加熱通気乾燥においては、比較的激しい乾燥（60℃－39％）を行っても、籾は常に移動し、通気部位も変わるので間歇的乾燥が繰返されるため、玄米の部位別水分分布差は極端に増大せず、胴割を生じないほぼ平均した能率乾燥が可能である。

第九章　高周波乾燥における籾の乾燥特性

　籾の高周波乾燥について木村氏 [17] 等によれば、含水率 17.0％の籾を 4 組の極板の間にそれぞれ 2.5kg ずつ供試し、乾燥目標含水率を 14.0％とし高周波乾燥（出力 8KW）を行ったところ、20 分間の処理で含水率 14.0％に達したが、火力乾燥等に比し急激な乾燥結果となり、多数の胴割米を生じたとしている。

　本研究においては、胴割の発生を防止するために高周波の印加に通気を併用することの効果について調べるために、常時常温通気併用及び間歇的常温通気試験を行った。試験は昭和 38 年 11 月に実施した。

（1）　試料

　昭和 38 年産うこん錦（刈取後架干 3 日）を供試した。籾含水率 17.5％、澱粉胚乳部水分分布：表層部 6.8、中間部 7.0、中心部 7.1、供試籾重量 0.5kg、胴割歩合 0％

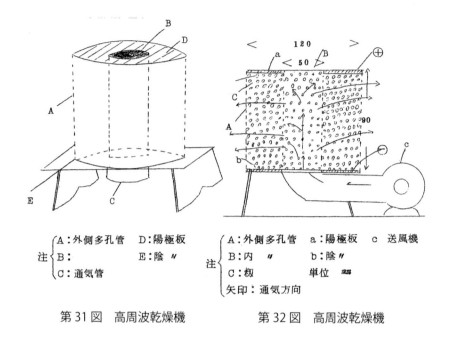

注 {
A:外側多孔管　D:陽極板
B:　　　　　E:陰 〃
C:通気管
}

注 {
A:外側多孔管　　a:陽極板　　c 送風機
B:内 〃　　　　b:陰 〃
C:籾　　　　　　単位 ㎜
矢印:通気方向
}

第31図　高周波乾燥機　　　　第32図　高周波乾燥機

(2) 試験方法

　試験装置は第31、32図に示すように、多孔ボール紙管 A（厚 1mm、内径 120mm、容積 1,017.4cm³）の中央部に同心状に多孔ボール紙管 B（厚 1mm、外径 50mm、容積 162.9cm³）を入れ、A. B管の間（容積 841.0cm³）に試料籾を入れ、A. B管の間の上端部に環状の陽極板を、下端部に同型の陰極板を入れ、B管の上端を処理し下端を通気パイプに連結した装置を用いた。

　試験区は常時、常温通気併用高周波乾燥（1区）、5分毎に常温通気を繰返す問題常温通気併用高周波乾燥（2区）について実施した。高周波（3相 200V、8～20MC）出力は 1KW、通気量 0.8m³/m、通気温－湿度 18.5℃－58%、両区共籾間隙温度を乾燥開始後5分毎に測定し、籾含水率、玄米の部位別水分分布、胴割を乾燥開始30分後に調べた。試料は 200 粒程度

取り出し、胴割調査は 50 粒、含水率、水分分布は 10 粒につき調べた。

（3）　試験結果及び考察

試験結果は第 34 表、第 33 図に示すとおりである。

1）　常時通気併用の場合

籾間隙温度は比較的早く上昇し、試験開始 20 分乃至 30 分後において 42℃前後にほぼ一定し、籾含水率 16.8％、澱粉胚乳部の水分分布差（表層部と中心部の差）は 0.8 となり胴割はなかった。

2）　間歇的通気併用の場合

試験開始 30 分後までの間に於ける籾間隙温度は 39.0℃乃至 51.4℃となり、常温通気開始と共に 2.8℃乃至 3.7℃の低下を示した。試験開始 30 分後の籾含水率は 16.3％となり澱粉胚乳部水分分布差（表層部と中心部との

第 34 表　通気併用高周波乾燥における籾間隙温度、含水率、水分分布と胴割との関係

試験区分	測定時間	籾間隙温度（℃）	籾含水率（％）	胚乳部水分分布			胴割歩合（％）
				表層部	中間部	中心部	
1 区	試験前	18.5	17.5	6.8	7.0	7.1	0.0
	試験開始 5 分後	25.1	—	—	—	—	—
	10 〃	33.2	—	—	—	—	—
	15 〃	38.5	—	—	—	—	—
	20 〃	41.5	—	—	—	—	—
	25 〃	42.5	—	—	—	—	—
	30 〃	42.5	16.8	5.8	6.2	6.6	0.0
2 区	5 〃	39.0	—	—	—	—	—
	10 〃	35.3	—	—	—	—	—
	15 〃	48.7	—	—	—	—	—
	20 〃	45.6	—	—	—	—	—
	25 〃	51.4	—	—	—	—	—
	30 〃	48.6	16.3	5.4	6.1	6.5	12.0

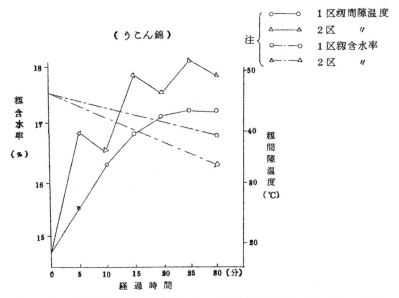

第 33 図　通気併用高周波乾燥における籾間隙温度と含水率との関係

差は 1.1 となり 12.0％の胴割を生じた。

　以上の結果より、常時通気併用の場合は高周波印加による籾の急激な温度上昇を、通気により或る程度抑制する結果となり 42.5℃で平衡し一定化された結果、ほぼ安定した乾燥結果となり胴割を生じなかったものと考えられる。又間歇的通気併用の場合は、籾間隙温度上昇が相当急激となり、通気時の温度低下が比較的少なく、急激な乾燥結果となったため玄米の部位別水分々布差が増大し胴割を生じたものと考えられる。

　高周波加熱の利点は、籾自身が発熱することにあり、乾燥当初からほぼ一様に籾の温度上昇が可能となる。しかし籾の温度上昇が相当急激となるので、温度上昇の抑制及び水蒸気の放出のために常時通気を併用することにより、安定した乾燥が可能である。なお、この場合籾の量、含水率、通気条件等により高周波出力を調整する必要がある。

第十章　大型回転乾燥機による加熱通気乾燥試験

　大量の籾の乾燥はライスセンター等により一部採用されているが、その規模は従来の定置式を多数設置し、籾の出し入れを自動化したもの、或いは籾の吹き上げ循環を行なう方式のもの等があり、一回の処理量は1トン程度のものが多い。循環式は定置式に比べて能率的であるが、全体の循環速度が吹上能力に制約される懸念がある。

　本章では大型回転乾燥機を使用し、コンバインによる生脱穀籾を対象とし、通気条件、乾燥時間を変えてその実用化について試験した結果を記述する。

（1）　試料

　昭和38年産籾含水率22.6％のうこん錦（1,000kg）及び籾含水率26.0％千本旭（1,107kg）を用いた。

　胴割歩合は両種共0％であった。

（2）　試験方法

　使用乾燥機は第34図に示すように通気口を有する鉄製の横置円筒型外筒

（内径 2,000mm　深さ 1,600mm、軸方向の一面のみ開閉自由、容積 3.4m³）
と外筒内に鉄製動輪（径 100mm）上に置かれた横置円筒型の回転バスケッ
ト（鉄製、内径 1,650mm、深さ 1,300mm、容積 2.7m³）よりなり、回転
バスケットは軸方向と直角の 2 面（第 34 図－ 2 における a. b 面）及び曲
面並びにバスケット中央部に設置される 2 面（a. b）に亙る通気導入部（b
面に付着する部分は鉄板で閉止）にそれぞれ 20 メッシュの金網をはり、外

第 34 図

1　裏　断　面　　　　　　　　　　　2　側　断　面

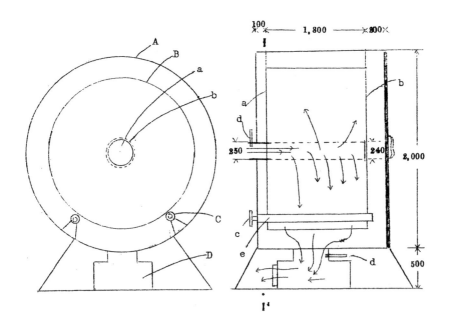

注｛ 側断面図 Ｉ. Ｉ′断面を示す
　　a　外筒付属通気口
　　b　バスケツト通気導入部
　　A　外筒、B　バスケツト
　　C　動輪、D　排風機

注｛ a.b バスケツト側壁　e：動輪
　　c　動輪プーリー
　　d　温度計
　　矢印：通気の流を示す
　　単位：㎜

3　正面図

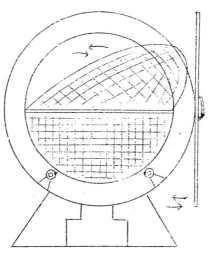

注 ｛外筒、バスケツトを
　　開いた処を示す

筒の開閉面と同方向の側壁（b）半分を開閉自由（第40図－3）としたも
のとした。

　乾燥に当たっては籾をバスケット内に入れバスケット及び外筒を閉止して
同機を運転する時は、外筒下部の排風機により通気は外筒付属通気口よりバ
スケット内通気導入部を通り回転するバスケット内の籾間隙を通気して外筒
下部より機外に排出される。なお、通気、排気温度測定のために外筒付属通
気口及び排気口に温度計を取付けた。（湿球温度は通気速度が早いため正確
を期し得なかったので測定せず）

　試験はうこん錦（1区）、千本旭（2区）について第（I）表に示す条件
により実施し、通気及び排気温度は10分毎に、籾含水率、胴割調査はサン
プリング毎（1区では試験開始134分、240分後、2区では120分、180分、

第 (1) 表

項目＼種類	1 　区	2 　区
通 気 温 度	55 〜 79	30 〜 80
排 気 量 (m^3/$_m$)	50	50
回 転 数 ($_m$)	15	9
所 要 時 間	240	300
サンプリング 所 要 時 間 ($_m$)	8	12
外 気 条 件 (℃－%))	18〜20－55〜66	16.5〜20－42〜58

注　熱源は灯油燃焼ガス

300 分後）に測定し、胴割は 100 粒、籾含水率は 20 粒につきそれぞれ実施した。

尚通気温度は 1 区では試験開始当初より 79℃を 50 分間、50 分後から 90 分後までは極端な乾燥をさけるため 55℃とし、その後 240 分まで 79℃とした。2 区では試験開始 210 分後まで 80℃とし、以後 300 分まで徐々に（20 分毎に 10℃ずつ低下）低下し 300 分で 30℃とし以後 30 分間常温通気を行った。

1 区は昭和 38 年 10 月、2 区は同年 11 月に施行した。

(3)　試験結果及び考察

試験結果は第 35、36 図に示すとおりである。

1)　1 区における場合

排気温度は徐々に上昇し、試験開始 134 分後には 38℃となり籾含水率 19.1％、胴割の発生はなく、240 分後には 44℃となり籾含水率 14.9％、胴割歩合 6.0％であった。しかしそのまま機内に 20 時間密閉した処穀温 27℃、籾含水率 14.6％、胴割歩合 56.0％となった。

2)　２区における場合

　排気温度は試験開始 210 分後まで 40℃前後、それ以後は 10 分毎に 5℃
〜 10℃の低下を示し、300 分後には 24℃となった。試験開始 120 分後の
籾含水率は 21.8％、180 分後は 19.4％、300 分後は 15.1％となり、胴割
は 180 分後までは生ぜず 300 分後に 10.0％の発生をみた。尚 300 分後か
ら 30 分間常温通気の後 20 時間機内に密閉した籾は穀温 19.0℃、含水率
14.8％、胴割歩合 52.0％、室内（15.5℃〜 20℃− 55％〜 60％）に同時開
放し冷した籾は含水率 14.7％、胴割歩合 46.0％、8℃〜 10℃に同時間密閉
した籾は穀温 10℃、含水率 15.0％、胴割歩合 12.0％であった。

　以上の結果を考察する時は、両区共相当急激な乾燥結果となり、特に 1
区においては、乾燥末期高温通気であったためそのまま機内に密閉した結果
籾の温度低下は僅かに止まり、引続いて籾からの放湿が続いたため後に吸湿
して多数の胴割を生じたものと考えられる。

　2 区においては、乾燥末期 90 分間に亘り徐々に通気温度を下げ又回転頻
度を 9r.p.m におとした結果、1 区よりは緩慢な乾燥と考えられるが、機内
密閉において多数の胴割を生じたことは、やはり吸湿による胴割と考えられ、
室内に放冷した籾より胴割歩合が多いことは室内湿度より機内湿度が高かっ
た事が考えられる。又 8℃〜 10℃に密閉した籾の胴割は軽微であったが、
穀温が低下して籾からの放置が僅かであったため密閉中の吸湿が少なかった
ためと考えられる。

　本試験全般を通じて、籾含水率 20％ /h 程度の乾減率は現在実用されてい
る乾燥機（0.5 〜 1.5％ /h）では例が少なく、急激にすぎた感があるが、乾
燥過程中の胴割は少ないところから、乾燥終了後籾の放湿を最小限に止める
ことが必要であり、そのためには、乾燥後半から終了までの通気温度の低下、
通気量の調節（徐々に放湿量の低下を図るため）が必要と考えられ、乾燥終

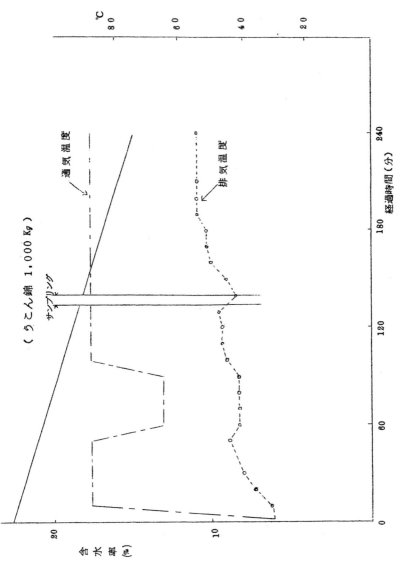

第 35 図　回転乾燥機による籾乾燥試験

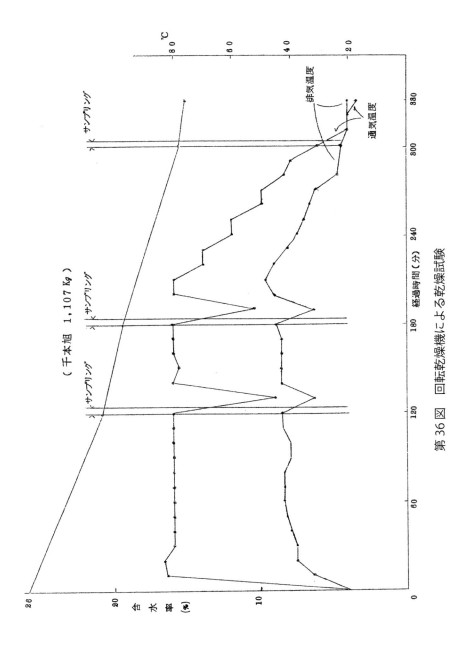

第 36 図　回転乾燥機による乾燥試験

了後は冷却器に密閉することが適当と考えられる。一方熱による損傷については、活性損傷及び変質が考えられるが、本試験においては発芽歩合86％を得又6ヶ月常温貯蔵中の腐敗変色等の変質は見られなかった。しかしこのような比較的高温処理においては、処理時間の長い程、発芽力［18］は減退し、腐敗［19］を招く原因となるとされ又米澱粉のα化［20］は65℃では10時間、80℃では5～6時間でおこるとされているので、80℃程度の加熱は短時間（2～3時間）に限定すべきと考えられる。

第十一章　乾燥条件及び乾燥後密封条件と胴割との関係

　岡村氏［21］によれば、最初高温乾燥とし遂次低温とした場合は、乾燥直後において多数の胴割を生じたが、低温から漸次高温とする時は乾燥直後の胴割発生は少ないが、室内に放冷した場合には多数の胴割を生じたとしている。

　本章では前章において大量、高含水率籾について乾燥試験した結果、高温乾燥後そのまま比較的高温に密封した場合には多数の胴割を生じたが、乾燥当初高温とし後半は徐々に温度を低下し乾燥終了後低温に密封した場合、胴割は軽微であった事実等より、乾燥条件及び乾燥後密封条件と胴割との関係を解明する必要があると考えられるために、次の4区について試験を行った。

　試験は昭和38年11月に施行した。

1　高温乾燥（60℃－30％）後高温（60℃）、常温（20℃）、低温（5℃）の3区に密封した場合

2　漸次高温乾燥（30℃－45％）→（60℃－30％）後高温（60℃）、常温

（20℃）、低温（5℃）の3区に密封した場合

3　乾燥前半を高温（60℃－30％）、後半を漸次低温乾燥（60℃－30％→50℃－35％→40℃－40％→30℃－45％）後常温（20℃）、低温（5℃）の2区に密封した場合

4　乾燥前半を漸次高温（30℃－45％→60℃－30％）後半を漸次低温（60℃－30％→30℃－45％）乾燥後常温（20℃）、低温（5℃）の2区に密封した場合。

（1）　試料

昭和38年産籾含水率18.0％の金南風（架干2日目）を使用した。胴割歩合0％

（2）　試験方法

乾燥試験は、60℃－30％、50℃－35％、40℃－40％、30℃－45％の恒温、恒湿デシケータを用い、乾燥後密封は厚さ0.5mmポリエチレン2重袋に密封し60℃、20℃の電気恒温機、5℃は電気冷蔵庫により、第35表に示す乾燥及び乾燥後密封条件により乾燥開始60分後（1．2．3．4－1区）及び90分後（4－2区）及び密封20時間後に籾含水率、澱粉胚乳部、水分分布、胴割を調べた。籾供試量は各区共100gとし胴割は50粒、含水率、水分分布は10粒について調査した。

（3）　試験結果及び考察

試験結果は第36表、第37、38図に示すとおりである。

1）　乾燥結果

乾燥開始60分後の籾含水率は1区＜3区＜2区＜4区－1の順に大で、澱粉胚乳部水分分布差（表層部と中心部との差）は1区（1.3）＞3区（1.1）＞2区（0.9）＞4区－1（0.7）の順に小となり胴割歩合は、1区（9.0％）＞3区（8.0％）＞2区（6.0％）＞4区－1（0.0％）の順に小であった。

第35表　乾燥及び乾燥後密封条件

区分 ＼ 項目		乾燥温湿度 (℃-％)	乾燥時間 (分)	乾燥後密封温度 (℃)
1 区		6 0 - 3 0	6 0	6 0 , 2 0 , 5
2 区		3 0 - 4 5	1 5	6 0 , 2 0 , 5
		4 0 - 4 0	1 5	
		5 0 - 3 5	1 5	
		6 0 - 3 0	1 5	
3 区		6 0 - 3 0	1 5	6 0 , 2 0 , 5
		5 0 - 3 5	1 5	
		4 0 - 4 0	1 5	
		3 0 - 4 5	1 5	
4 区	4区-1	3 0 - 4 5	1 0	2 0 , 5
		4 0 - 4 0	8	
		5 0 - 3 5	8	
		6 0 - 3 0	8	
		5 0 - 3 5	8	
		4 0 - 4 0	8	
		3 0 - 4 5	1 0	
	4区-2	3 0 - 4 5	1 5	2 0 , 5
		4 0 - 4 0	1 5	
		5 0 - 3 5	1 0	
		6 0 - 3 0	1 0	
		5 0 - 3 5	1 0	
		4 0 - 4 0	1 5	
		3 0 - 4 5	1 5	

項目 測定時間	粗含水率(%)	胚乳部水分分布			胴割歩合(%)	乾燥(℃-%)又は密封(℃)条件	備考
		表層部	中間部	中心部			
試 験 前	18.0	6.8	7.0	7.2	0.0	——	
試験開始 1時間後	14.5	4.1	4.8	5.4	9.0	60 → 30	
密封20 時 間 後	13.4	3.0	3.3	3.5	68.0	60	1 区
	13.6	3.2	3.7	4.0	51.0	20	
	13.9	3.4	4.1	4.3	16.0	5	
試験開始 1時間後	14.9	4.9	5.4	5.8	6.0	30-45（15分） 40-40 〃 50-40 〃 60-30 〃	
密封20 時 間 後	13.9	3.7	3.9	4.2	47.0	60	2 区
	14.2	3.8	4.2	4.5	36.0	20	
	14.3	3.9	4.3	4.7	10.0	5	

項目 測定時間	粗含水率(%)	胚乳部水分分布			胴割歩合(%)	乾燥(℃-%)又は密封(℃)条件	備考
		表層部	中間部	中心部			
試験開始 1時間後	14.7	4.7	5.3	5.8	8.0	60-30（15分） 50-35 〃 40-40 〃 30-45 〃	3 区
密封20 時 間 後	14.0	3.7	4.1	4.4	42.0	20	
	14.2	4.1	4.5	4.9	13.0	5	
試験開始 1時間後	15.4	5.3	5.7	6.0	0.0	30-45（10分）50-35（8分） 40-40（8分）40-40 〃 50-35（8分）30-45（10分） 60-30（8分）	4区-1
密封20 時 間 後	14.8	4.9	5.2	5.4	0.0	20	
	15.1	5.0	5.4	5.6	0.0	5	
試験開始 1.5時間後	14.6	4.5	4.9	5.3	0.0	30-45（15分）50-35（10分） 40-40（8分）40-40（15分） 50-35（10分）80-45 〃 60-30 〃	4区-2
密封20 時 間 後	14.0	4.0	4.3	4.6	0.0	20	
	14.2	4.1	4.5	4.8	0.0	5	

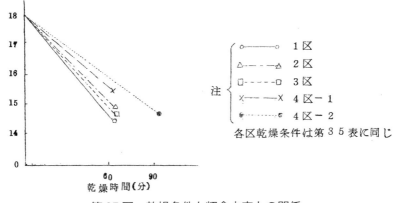

第 37 図　乾燥条件と籾含水率との関係

又 4 区－ 2 においては、乾燥開始 90 分後の籾含水率は 14.6％、澱粉胚乳部、水分分布差は 0.8 となり、胴割の発生はなかった。

2)　乾燥後密封結果

　60 分乾燥後 60℃（a）、20℃（b）、5℃（c）の 3 区に 20 時間密封した後の籾含水率は、a では 1 区（13.4％）＜ 2 区（13.9％）、b では 1 区（13.6％）＜ 3 区（14.2％）＜ 2 区（14.3％）＜ 4 区－ 1（15.1％）の順に、c では 1 区（13.9％）＜ 3 区（14.2％）＜ 2 区（14.0％）＜ 4 区－ 1（14.8％）の順に大となり、澱粉胚乳部水分分布差は、a は 1 区、2 区共に 0.5、b では 1 区（0.8）＞ 2 区（0.7）＝ 3 区（0.7）＞ 4 区－ 1（0.6）、c では 1 区（0.9）＞ 2 区（0.8）＝ 3 区（0.8）＞ 4 区－ 1（0.7）となり、胴割増加割合は、a では 1 区（59％）＞ 2 区（41.0％）、b では 1 区（42.0％）＞ 3 区（36.0％）＞ 2 区（30.0％）＞ 4 区－ 1（0.0％）、c では 1 区（7.0％）＞ 3 区（5.0％）＞ 2 区（4.0％）＞ 4 区－ 1（0.0％）であった。又 4 区－ 2 においては乾燥 90 分後 20℃（b）、5℃（c）の 2 区に 20 時間密封した籾含水率は、b では 14.0％、c では 14.2％となり澱粉胚乳部水分分布差は b では 0.6、c では 0.7 となり胴割発生は b、c 共になかった。

103

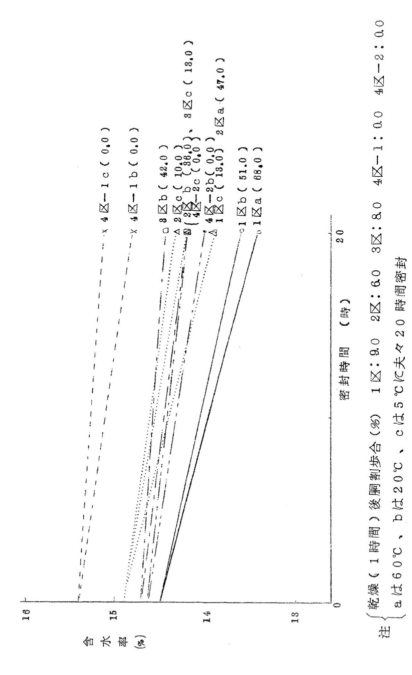

第38図 乾燥後密封条件と籾含水率及び胴割との関係

注 乾燥（1時間）後胴割歩合（%）　1区：9.0　2区：6.0　3区：8.0　4区−1：0.0　4区−2：0.0

　{ aは60℃、bは20℃、cは5℃にて々20時間密封

3)　考察

　1)、2) の結果より乾燥においては、各区の籾含水率、玄米の部位別水分分布差は乾燥速度により支配され、胴割歩合は乾燥速度の順（乾燥速度大なる程、胴割歩合大）となったが、乾燥後密封においては、乾燥終了時における玄米の部位別水分分布差の大なる程、密封温度が高い程胴割歩合は大きく、各区共低温に密封した場合には胴割歩合は軽微であったことは、高温密封においては密封中の放湿及び吸湿が低温密封に比較して大であるためと考えられる。又この場合米粒表層部含水量が中間部、中心部に比べ差が大きい時は、吸湿しやすいため胴割しやすいと考えられる。

　結極最も適当な乾燥及び乾燥後密封条件としては、乾燥においては徐々に高温とした後、徐々に低温とし、乾燥後密封は低温とすべきである。

結　言

　籾の乾燥には従来、自然乾燥法が主として用いられて来た。しかしこの方法では天候に左右されることが多く、一般に乾燥不充分であるのみならず、多大の労力を要する等支障が多いので最近では火力による人工乾燥法の普及を見るに到っているが、同法にもいまだ多くの問題点が残されている。したがって籾乾燥の合理化は農業近代化が強く叫ばれておる今日、稲作における労働生産性の向上と共に米の品質向上の見地から強く要請されている。

　籾の合理的人工乾燥方法としては、胴割等の損傷を生ずることなく、簡便にしかも安価に所定の目的含水率までに乾燥するものと言えるが、このような乾燥方法を究明するため著者は（1）籾および玄米の理学的性状、（2）胴割米の発生機構、（3）乾燥方式による乾燥特性、（4）乾燥条件および乾燥後取扱条件と胴割発生との関係等について試験を実施した。それらの研究結果を総括すれば次のとおりである。

（1）　籾および玄米の理学的性状

　玄米の硬度は含水率の増加と共に低下するが、部位別に見ると胚芽のない側の尖端部＞背部＞胚芽のある側の尖端部＞両側面部＞腹部の順に硬度は低下する。

　挫折剛度と圧砕剛度との間には直線的関係が見られ、剛度と密度との間には密度 $1.6g/cm^3$ 以上においてはほぼ直線的関係が認められる。

　乾燥過程における籾、玄米および籾殻の含水率減少速度は籾殻＞籾＞玄米の順に小である。一方、吸湿過程における含水率増加割合は籾殻＞籾＞玄米の順に小となる。また同一吸湿又は乾燥条件においても品種によりその含水率変化は異なるがその主たる原因はそれぞれの米粒の密度差によるものと考えられる。

籾殻の性状は、乾燥過程においては籾殻の含水率の減少に伴って籾殻の透気性および透湿性は漸増し、籾殻含水率 10.0％以下においてはそれ以上における場合より特に大である。一方、吸湿過程においては透気性および透湿性は徐々に減少するが、籾殻含水率 11.0％以上においては減少が緩慢となる。なお、乾燥、吸湿両過程における籾殻の透気性及び透湿性は、籾殻の裏面より表面への方向においてはその逆方向におけるよりも大である。

　玄米の膨張、収縮について見ると乾燥籾が急激に吸湿する場合においては内蔵玄米の三面周の膨張割合が正面周＞平面周＞側面周の順に小となり極めて多数の胴割米を生じ、やや急激な吸湿においては平面周＞正面周＞側面周の順に小となり胴割米の発生は少なく、緩慢な吸湿においては平面周＞側面周＞正面周の順に小となり胴割米の発生は極めて軽微であった。一方生籾が急激に乾燥する場合には米粒三面周の収縮割合は正面周＞平面周＞側面周の順に小となり多数の胴割米を生じたが、緩慢な乾燥においては平面周＞正面周＞側面周の順に小となり胴割米の発生は軽微であるか又は皆無であった。以上の結果から急激なる吸湿又は乾燥の場合には玄米三面周の膨張または収縮割合がいずれも正面周＞平面周＞側面周の順となり、多数の胴割を生じているのは米粒の横方向の膨縮が縦方向に比べて集中的に大となるため米粒表層部の膨縮に内部組織の膨縮が追従出来ないためであると考えられる。

　籾の乾燥又は吸湿に伴なう内蔵玄米の部位別（表層部、中間部、中心部）水分分布変化と胴割との関係を見るに籾が急激な乾燥又は吸湿条件下に置かれる場合には米粒の部位別水分分布差が急激に増大し多数の胴割米を生じた。籾が乾燥又は吸湿される以前の状態としては（1）乾燥過程、（2）吸湿過程、（3）乾燥後吸湿過程、（4）吸湿後乾燥過程等が考えられるがこのうち特に乾燥過程に置かれた籾、即ち内蔵玄米表層部に於いて、その含水量が少なく中心部に到るに従って大となる水分傾斜のものに於いて顕著である。又比較

的緩慢な乾燥又は吸湿においては部位別水分分布差は漸増し胴割米の発生は軽微か又は皆無であった。乾燥又は吸湿条件の相違により胴割米発生割合が異なるが、部位別水分分布差が大となり部位別膨縮差が増大した場合に胴割米の発生が大となるものと考えられる。

(2) 胴割米の発生機構

胴割米の成因について岡村氏は、籾の吸湿が胴割米発生の要因であるとし、急激に吸湿する場合における玄米の膨張は巾、厚さの方向において急激で長さの方向において緩徐であるために膨張に対する抵抗の大きい巾、厚さの方向において割目を生ずるものと推論している。これに対し著者は急激な籾の乾燥又は吸湿における内蔵玄米の三面周の膨張率を比較し、また部位別水分分布変化を調べた結果、正面周が平面周及び側面周のそれに比して大となり部位別水分分布差が増大した場合に胴割米の発生することを明らかにした。この胴割は、米粒組織の一部が破壊されることであり、米粒組織に物理的な力が作用し、その力が組織を形成する細胞の結合力を上廻る場合に組織が破壊されたものと考えられる。即ち胴割米は籾が置かれた空気条件の変化により内蔵玄米自身が急激に乾燥又は吸湿する結果、米粒の部位別に水分分布差が急激に増大し、部位的収縮又は膨張率に差を生じ、その結果生ずる引張応力がその部分の組織を構成する細胞結合力を上廻る場合に発生するものであり、外囲の空気条件、籾の吸放湿、含水量等にそれぞれ関連する内蔵玄米の諸理学的性状の変化に原因する米粒の破壊現象であると言える。

また胴割目の方向性につき考察するに、いま米粒を同一材質の卵形と看做す時は発生引張応力は縦方向よりも横方向が大きいが、実際には米粒内部構成細胞は中心部より横方向に放射状に配列しており、縦方向にはやや不規則な配列となっているため、相対的に横方向に割れやすい構造となっている。つまり横方向に割れる方向性がある。なお胴割が幾重にも発生し、ついに亀

甲状亀裂を生ずるに到るが、この成因について考察すれば、胴割が進み、すでに発生した胴割目と胴割目の間の微小ブロックに発生する引張応力は軸方向より接線方向が大きいこと、及び既成胴割目における吸放湿に起因する二次的亀裂が発生するためである。

（3）　乾燥方式による乾燥特性

1）　定置式乾燥においては籾の堆積厚さ、乾燥速度が大である程、乾燥初期における乾燥むらが大となり、最初に通気にふれる層における乾燥による胴割と、排気層における吸湿による胴割を生ずる懸念が大となる。従って籾の堆積厚さの大なる場合には特に緩慢な乾燥条件を設定すべきである。

2）　移動式乾燥においては比較的激しい乾燥を行なっても籾は常に移動するので個々の籾に対しては間歇的乾燥が繰返されることになるため過度な乾燥結果とならず、損傷の少ないほぼ均一な能率乾燥が可能である。

3）　高周波式乾燥においては、常時通気併用の場合には高周波印加による籾の急激な温度上昇を或程度抑制する結果となり、ほぼ安定した乾燥結果を得ることが可能であるが、高周波加熱の利点は籾自身が発熱することにあるので、その応用に際しては籾の量、含水率、通気条件等により高周波出力を調整する必要がある。

4）　大型回転式乾燥においては、30℃〜80℃の通気を用い2.0％/h前後の乾減率においても乾燥過程中の胴割発生は軽微であったが、乾燥後の吸湿胴割が発生しやすいところから、乾燥後の籾の放湿及び吸湿を最小限に止めるために、乾燥過程後半から終了までの通気温度の低下調節が必要であり、乾燥終了後は冷却密封することが適当である。

（4）　乾燥条件、乾燥後取扱条件と胴割発生との関係

1）　高温（60℃）、2）　漸次高温（30℃→60℃）の条件下においてそれ

ぞれ乾燥後直ちに密封して高温（60℃）、常温（20℃）、低温（5℃）に置いた場合、及び　3)　乾燥前半高温（60℃）、後半漸次低温（60℃→30℃）、4)　乾燥前半漸次高温（30℃→60℃）後半漸次低温（60℃→30℃）においてそれぞれ乾燥後直ちに密封して常温（20℃）及び低温（5℃）に置いた場合の4区について胴割発生を比較した結果、乾燥過程において胴割歩合は1)＞3)＞2)＞4)の順となり、乾燥後密封過程においては、高温では1)＞2)、常温では1)＞3)＞2)＞4)、低温では1)＞3)＞2)＞4)の順となった。従って胴割防止上適当な乾燥条件及び乾燥後の取扱条件としては徐々に高温とした後徐々に低温に戻して乾燥した後、低温に密封すべきである。

　以上の諸結果より籾の合理的人工乾燥方法は次の如く胴割防止と能率向上の二面から結論出来る。

1)　胴割損傷のない乾燥のためには、胴割は急激なる籾の乾燥又は吸湿による米粒の部位別水分分布差の増大に起因するものであるから、乾燥過程において籾内蔵玄米の部位別に極端な水分分布差を生ぜしめない乾燥条件を必要とする。定置式においては通気条件は比較的緩慢な乾燥（乾減率1.0%/h附近）とすべきであり、移動式においては比較的急激な乾燥（乾減率1.5%〜2.0%/h）が可能であるが、乾燥後の吸湿による胴割防止上、乾燥末期における徐冷及び乾燥後の低温密封処理を実施すべきである。

2)　能率的乾燥を実施するためには乾燥速度を高めねばならないが、胴割損傷を少なからしめるためには、定置式においては堆積層の厚さを従来のもの（40cm程度）よりも浅く（30cm以下）して複層とすることが考えられ、又移動式においては回転式が能率的であるが、この場合籾の量、含水率によって回転頻度を調整する必要がある。

　これを要するに籾の合理的人工乾燥は以上の諸点を能率的に実施し得る乾燥機及び乾燥方式により目的を達し得ることになるが、実際問題として

は使用する乾燥機及び乾燥方式の特性並びに籾の性状を十分把握の上、乾燥計画を立てることが必要である。

文　献

［1］　石　井　豊　吉：胴割に関する調査成績第 1 報　農事試験場報告第
　　　　32 号　P35 〜 56（1905）

［2］　磯　　　　永　吉：台湾稲の育種学的研究　台湾総督府中央研究所報告
　　　　37 号（1928）

［3］　Henderson. S. M.　The causes and characteristics of Rice checking
　　　　Rice jour 57（5）:16.18（1954）

［4］　齊　藤　　　厳：蓬莱米の胴割と乾燥温度に関する研究　台湾事報 2
　　　　号　P56 〜 64（1928）

［5］［9］［10］［11］［12］［13］［15］［21］
　　　　岡　村　　　保　米穀の品質に関する研究　大原農業研究所特別報告
　　　　5 号　P140 〜 297（1940）

［6］　佐々木　　　喬：綜合作物学　第 2 版　287（1950）

［7］　Schnidt. T. L and Hakill. W. V. Effect of artificial drying on the yield of
　　　　head rice and the germination of Rice
　　　　Rice Jour. 59（13）28-31（1956）

［8］　渡　辺　鉄四郎：農林省関東東山農業試験場　報告　163（1959）

［14］［16］　日本機械学会：機械工学便覧　7 版　130（1947）

［17］吉　村　吉　郎：高周波による穀類乾燥の 2，3 の実験
　　　　日本作物学会九州談話会誌　11 号　37（1955）

［18］MC Farlane. V. H.　Hogan. J. T. and Mclemore. T. A.
　　　　1955 Effect of Heat Treat on the Viability of Rice
　　　　U. S. Pept Agr Tech Bull 1 129 51P.

［19］Hunter. J. R. and Kester. E. B.

1951. Effect of Steaming Fresh Paddy rice on the Development, of Free Fatty acids during storage of brown Rice. Cereal chem. 28:394 ～ 399

［20］二　国　二　郎：澱粉化学　第 2 版　182（1951）

田　中　　孝：籾の乾燥における胴割について

滋賀県立農業短期大学学術報告　36（1955）

田　中　　孝：籾の乾燥速度について

滋賀県立農業短期大学学術報告　40（1955）

Coonrod, L. G：　Drying and storage of Rough Rice

Rice Ann. 1953. 28.

原　沢　久　夫：米の乾燥に関する微細気象学的観測

新潟県食品研究報告　26 ～ 36（1959）

Hall. O. J.：　1948. The Operation of Rice Driers in Arkansas, 1946. Ark. Agr. Expt. Sta. Bul. 474, 34PP.

Louisiana Agricultural Experiment Station：1949. Rice Drying and storage in Louisiana.

Lo. Agr. Expt. Sta. La. Bul 416. 22PP.

McNeal,X.：　1949. Artificial Drying of combined Rice.

Ark. Agr. Expt. Sta. Bul. 487. 30PP.

VonH. Rossrcker：Probleme der körnertrockung

Die Bodenkultur 239 ～ 289 Sept. 1963.

索　引

116

〈著者略歴〉

佐藤 正夫（さとう　まさお）

京都帝国大学農学部卒業、農学博士。
神戸女子大学元教授、インテリア概論、木材加工専攻

籾の乾燥に関する研究

2023 年 3 月 19 日　初版発行

著　　　者　佐藤 正夫

発行・発売　株式会社三省堂書店／創英社
　　　　　　〒 101-0051　東京都千代田区神田神保町 1-1
　　　　　　Tel：03-3291-2295　Fax：03-3292-7687

印刷／製本　日本印刷株式会社

ISBN　978-4-87923-100-0 C3061